*Wenn wir unser wahres Ziel (unmittelbares, durchdringendes und vollständiges Wissen)
nicht für immer aufgeben wollen, dann (müssen sich) einige von uns an die Zusammenschau
von Tatsachen und Theorien wagen, auch wenn ihr Wissen aus zweiter Hand stammt und
unvollständig ist – und sie Gefahr laufen sich lächerlich zu machen.*

Erwin Schrödinger

*Ist es möglich , alles miteinander zu verschmelzen, und werden wir dann entdecken,
diese unsere Welt stellt nichts weiter als verschiedene Aspekte eines einzigen
< Dinges > dar.*

Richard P. Feynman

$1/8 \qquad 1/4 \qquad 1/2 \qquad\qquad 2/1 \qquad 4/1 \qquad 8/1$

1

$10^{-118} \qquad 10^{-79} \qquad 10^{-40} \qquad\qquad 10^{39} \qquad 10^{78} \qquad 10^{117}$

Das <u>eine</u> Verhältnis von Zahlen sei Gerechtigkeit

Pythagoras

Autor

Zwischenzeitlich gibt es mehrere Bücher des Autors, die jedoch sehr beschränkt öffentlich werden. Dies kann an der Tatsache liegen, dass der Autor Themen aufgreift, die in der jeweiligen Elitenebene nicht anerkannt werden sollen und dem bekannten Schrifttum angeblich widersprechen. So geschehen beim letzten Buch „Die mittelalterliche Idealstadt Villingen". Das vorliegende Buch behandelt elementare Sachverhalte anhand von 5 Konstanten, mit deren Gültigkeit auch die Gültigkeit der vorgestellten Zahlen gegeben sein muss. Der Autor ist als Beamter im „Bauunterhalt" tätig. Da ein berufliches Weiterkommen mit dem städtischen Informationsstatus kollidierte, hat er seine Imagination über das Sein im allgemeinen Raum, in Büchern fokussiert, deren Inhalt auch der Gemeinschaft von Bedeutung sein kann, soweit man den Gedanken folgen will.

Ich bin jetzt 61 Jahre und habe vor 15 Jahren begonnen, mich mit Raum im wissenschaftlichen Sinne ($V = iyct = 10^{-45}$m³ bzw. 10^{-84}m³ und $V = myt^2 = 10^{-6}$m³) etc. zu beschäftigen. Vorwiegend in meinen Urlauben testete ich den „Raum" in den örtlichen Kirchen. Es war nicht die materielle Gestaltung von Pfeilern, Wänden, Altären Fenstern etc. Es war der Raum selbst, der mich auf eine eigenartige Art ansprach. Dieser Raum, der bis ans Ende unseres Universum reicht, war für mich Ansporn, diesen zu ergründen. Ich bin zutiefst davon überzeugt, dass es für uns kein durchdenkbares Ende des Raumes gibt. Der Raum, in dem wir leben, hat nicht die Grenze bei 10^{78}m³, sondern er ist möglicherweise zumindest begrenzt bei 10^{1000}m³, wenn wir den Formeln und Zahlen nachspüren und sie erfassen.

Meine berufliche Vorliebe zur Architektur mündete in zahlreichen Wettbewerben, in denen die theoretische Auseinandersetzung mit Materie und Raum immer Ansporn war, den Urgrund der Beiden zu finden und diese gegebenenfalls miteinander zu verbinden. Leider sahen dies die Fachpreisrichter aufgrund anderer Räume anders, weshalb ich nur beschränkte Erfolge erzielen konnte, auch darum, weil sich die Auffassungen in den verschiedenen Zeiten (Moden) auch in der Architektur vehement und extrem änderten und für eine ungeheure entropische Erneuerung in den Städten sorgte.

Die Untersuchung und Forschung in meiner Heimatstadt Villingen ermöglichte es mir, die Raumbeziehungen der Gebäude (Kirchen, Klöster), den öffentlichen Raum dieser Stadt zu erforschen, und ich stieß auf elementare Gegebenheiten, die auf der Musik und dem Glauben in diesem Stadtraum gründen.

Über diese Arbeiten und Forschungen und einem grundlegenden Gedanken zu meinem ersten Buch kam ich zum Raum, der Zeit und der Masse selbst, die über ein Gebäude und die Komplexität einer Stadt hinausgehen.

1. Auflage
© Thomas Hettich (2018)
Alle Rechte vorbehalten. Alle Rechte vorbehalten. Das Werk darf auch auszugsweise nur mit Genehmigung des Autors wiedergegeben werden.

ISBN 9-783748-18121-7

Produktion: Hanno Schreiber, MacSchreiber - Villingen, kontakt@macschreiber.de
Herstellung und Verlag: BoD – Books on Demand, Norderstedt.
Umschlag: Thomas Hettich

Bibliografische Informationen der Deutschen Nationalbibliothek.
Die Deutsche Nationalbibliothek verzeichnet diese Publikation in der Deutschen Nationalbibliografie; detaillierte bibliografische Daten sind im Internet über
http://dnb.d-nb.de abrufbar.

Zahlen

Träge und Schwere Masse
Grundkräfte
Vakuumenergiedichte
Unschärferelation
Verbindung von Träge, Schwere und Unschärfe

Der Urton

Anhand

$y\ h\ c\ m_{pr}\ m_{pl}$

von
Thomas Hettich

Zahlen

**Ergänzung zu Einstein im Hinblick auf die träge und schwere
Masse am Proton und der Zahl**

Hinweis zu den 4 Grundkräften auf der Grundlage des Proton

Ergänzung zur Vakuumenergiedichte und den 120 Größenordnungen

Ergänzung zur Unschärferelation von W.Heisenberg

Verbindung von Schwere, Träge und Unschärfe anhand der Planckmasse

Der Urton

**eine wissenschaftlich-theoretische Imagination
auf der Grundlage von
$y,\ c,\ h,\ m_{pl},\ m_{pr}$ und $x = \dfrac{1}{N-1} - \dfrac{1}{N}$**

Inhaltsverzeichnis

Vorbemerkung

In der Elite der Physik wurde sinngemäß gesagt, dass durch das Finden des Higgs-Teilchen das Standard-Modell abgeschlossen sei und man für eine neue Physik Hinweise benötigt. So ein Hinweis liegt Ihnen in der Intention von Erwin Schrödinger mit diesem Buch vor. Die Schweizer kennen Le Corbusier. Eine seiner größten Leistungen war die Ergänzung zweier Konstruktionsprinzipien. Im früheren Bauen wurde mit dem Konstruktionsprinzip Pfeiler und Balken oder Wand und Decke gebaut und zwar über Jahrhunderte. Als Corbusier auftrat, hat er in Europa das Konstruktionsschema Stütze und Platte eingeführt, was auch für das heutige Bauen ergänzend gilt und zu völlig neuen Gebäuden und Räumen führte.

Ähnlich ist dies mit der vorgelegten Arbeit über die kleinen und großen Zahlen, dem physikalischen Dazwischen und der Verbindung der Träge und Schwere mit der Unschärfe und dem Urton u.a., die laut dargelegtem Inhalt ebenfalls zu neuen Möglichkeiten führen können, z.B. zur theoretischen Bestimmung der dunklen Materie mit $m = ia$, wobei $i = h/c^3$ bedeutet, oder einem einfachen Ansatz von $h = m^2 y/c$ folgt, welcher zu einer strukturierten Masse führt.

Das Buch handelt neben elementaren Konstanten von sich daraus ergebenden Zahlen, die seit rund 80 Jahren durch Eddington und Dirac bekannt sind. Elementarer Unterschied der Zahlen zwischen damals und heute ist, dass die beiden Physiker einen bewegten Zustand (Hubble) annahmen. Hier werden diese Zahlen als statisch in Bezug auf die verschiedenen Größen des Proton definiert. Grundlage hierfür sind vorwiegend die Konstanten y, c, h, m_{pr}, m_{pl}, aus denen die Zusammenhänge ab- bzw. hergeleitet werden. Durch die Herleitungen zur Träge und Schwere, aber auch zur Vakuumenergiedichte, den Grundkräften und zur Unschärferelation eröffnen sich neue Zusammenhänge. Mit der Verbindung zwischen Träge und Schwere, der Unschärfe und dem Urton, werden Ergebnisse aufgezeigt, die diesen Zahlen eine grundlegende Bedeutung zur Erforschung des Kleinen und des Großen zuweisen. Die Allgemeine Relativitätstheorie ist mehrfach bestätigt, damit auch das Äquivalenzprinzip in empirischer (Eötvös) und modellhafter Sicht (Aufzug), welches die Träge und Schwere zur Grundlage hat. Wenn nun dieses Prinzip mittels dieser Zahlen bestätigt werden kann, so sind diese Zahlen im Großen, aber auch im Kleinen, der Vakuumenergiedichte und der Unschärferelation von Bedeutung. Eine Verbindung zwischen Klein und Groß kann es deshalb nur mit diesen Zahlen geben. Ein theoretischer Beweis zur Träge und Schwere wird ebenfalls dargelegt. Es ist notwendig, diese Zahlen und die damit verbundenen Ergebnisse vorzustellen. Was sagt uns 10^{-40} bzw. 10^{39}? Diese Zahlen definieren Verhältnisse in Längen, Zeiten und Massen, die dem Proton zuordenbar sind. Aus diesen Zahlen ist dann ein Universum ableitbar. Da diese Herleitung aus den fünf elementaren Konstanten besteht, ist eine Falsifizierung unmöglich, für mich jedenfalls undenkbar. Die Untersuchung am Proton und der Planckmasse, dem grundlegenden Untersuchungsgegenstand, findet vorwiegend statt an den elementaren Bestandteilen Masse, Länge (Zeit). Sämtliche dargelegten Größen handeln danach von Ab- und Herleitungen des Proton bzw. von seinem inneren Zustand etc.. Die Untersuchung ist symmetrisch, soweit man dem inneren Zusammenhang folgt. Ergänzend zur Protonenmasse wird gezeigt, dass man der Planckmasse die Zahl 1 zuweisen kann und somit ein elementarer Bestandteil im Zahlen- aber auch im Massenkanon bildet, denn die Verbindung zwischen dem Großen (Träge und Schwere) und dem Kleinen (Unschärfe) ist bei der Planckmasse anzusiedeln, da nur in dieser Masse (Planckmasse) die Gleichheit von Träge und Schwere Masse aber auch der Unschärfebeziehung gegeben sein kann.

Eigentlich wollte ich mein naturwissenschaftliches Suchen nur noch privat fortführen, da stieß ich auf Prof. Dr. Mättig, der am Cern in der Schweiz arbeitet. Er sagte sinngemäß, dass mit der Findung des Higgs- Teilchens, das Standardmodell eigentlich abgeschlossen sei und für die Weiterführung der alten Physik hin zu einer neuen Physik „jeder Hinweis" hilfreich sei. Meine bisherigen Veröffentlichungsversuche scheiterten an den Fachverlagen, die das Neue nicht sehen wollten. Speziell galt dies für meine Veröffentlichung „Die Imaginationskonstante i". Eine Konstante der dunklen Materie, die mit einer Beschleunigung wechselwirkt und zu einer Masse führt. Meinen Forschungen lagen Zahlen (10^{-20}; 10^{-40}etc.) zugrunde. Das Grundlegendste an der allgemeinen Relativitätstheorie ist das Äquivalenzprinzip, also die Schwere und Träge Masse. Das Grundlegende an der Quantenmechanik ist die Unschärferelation. Die Verbindung von Relativitätstheorie und Quantenmechanik wäre der letzte Beweis, um die herkömmliche Physik abzuschließen. Würde dieser gelingen, dann wäre man für eine neue Physik gewappnet. Die drei ersten Bücher in der Literaturangabe (Einstein, Heisenberg), sind relativ schwierig für einen Architekten, doch, wie schon gesagt, liegt das Interesse mancher Architekten und Musiker am Grund, am Urgrund. Ein architektonischer Zeitgenosse der Beiden hat in den 20-iger Jahren des letzten Jahrhunderts – wie schon oben beschrieben – das Bauen revolutioniert. Wenn es gelingt, in der Physik ein neues „vergleichbares Bauen mit Stütze und Platte" zu kreieren, wie es Le Corbusier getan hat, so kann dies nur aufgrund von Zahlen gelingen, erweitert durch elementare Konstanten. Wenn wir Zahlen in den Vordergrund stellen, entdecken wir eine andere Welt, die Teil eines unfassbaren Riesenuniversum ist, welches wir wohl niemals ergründen werden und wir deshalb versuchen sollten, zunächst unsere Probleme auf dieser Erde zu lösen und unseren nachfolgenden Generationen etwas hinterlassen, das auch wir als lebenswert erachten. Die Worte von Max Planck „Hin zu Gott" würden dafür sorgen, dass ein auch in den Eliten herrschende Egoismus weitestgehend eingedämmt wird und wir uns einer Weltgesellschaft mit Weltproblemen annähern, die wir nur gemeinsam lösen werden.

Zahlen

Die vorgestellten Zahlen sind zu unterscheiden als mathematische Zahl und eine physikalische Größe. Bei der mathematischen Zahl 2 wissen wir, dass z.B. die Grundgröße 1 zweimal in 2 vorhanden ist, oder 0,5 viermal in 2 u.ä. Entsprechendes gilt für die physikalische Größe 2m.

Wenn wir dagegen anschreiben $Z = hc/m_{pr}^2 y$, so erhalten wir eine Zahl mit einem Gehalt von 10^{39}. Eine große Zahl. Diese Zahl kann nun entsprechendes mit 1 oder mit 0,5 wie oben bedeuten, sie gibt aber auch an, wie oft sich eine Länge, nämlich 10^{24}m mit der Protonenwellenlänge strukturieren lässt. Entsprechendes gilt für die Zeit t oder für die Masse m. Ein solches Verhältnis finden wir z.B. mit der autarken Zahl (34523,3441) vorerst noch nicht, wenn uns die obige Formel nicht geläufig ist.

Die Zahl $Z = m^2 y/hc$, auch in ihrer inversen Darstellung, lässt für jede Masse entsprechende Ergebnisse zu. Der größtmögliche Teil unseres bekannten Kosmos besteht jedoch aus der konstanten Protonengröße, die dann eine entsprechende konstante Zahl generiert. Die Zahl 10^{39}, 10^{-40} beschreibt dann z.B. die Zahl von Massenteilchen und von Protonenwellengrößen in einem.

In den bisherigen Büchern [1-4] des Verfassers wurde die Bedeutung der Zahlen ausführlich dargelegt. Deshalb soll nur an den bedeutenden Formeln die Zahlbezüge aufgezeigt werden. Eine der Größen, die zur Zahl führt, ist die Planckmasse. Eine theoretische Größe die trotz ihrer hohen Masse noch nicht als Konstante empirisch nachgewiesen wurde. Zumindest ist ein solcher Nachweis dem Verfasser nicht bekannt. Eine andere Masse ist die Protonenmasse, deren hohe Genauigkeit als Konstante bekannt ist. Dies ist merkwürdig, da das Proton bis vor kurzem noch aus drei instabilen Quarks und Kraftteilchen bestand. Desy gibt allerdings bekannt, dass das Proton aus mehr als drei Quarks (Quarksee) bestehen muss. Da aber die Protonenmasse konstant ist, die Quarks in ihrer Masse gering variabel, müssen die Kraftteilchen für einen Ausgleich sorgen, so dass das Proton stabil ist. Deswegen wird nicht ein Quark oder ein Kraftteilchen zur konstanten Planckmasse ins Verhältnis gesetzt, sondern die genaue empirisch gemessene Masse des Proton selbst.

Die vordergründig bedeutendste $Zahl_{-20}$ ist

1) $Z_{-20} = m_{pr}/(hc/y)^{1/2} = 3,06582 * 10^{-20}$

Diese $Zahl_{-40}$ hat auch in ihrer inversen Fassung und mit entsprechenden Exponenten eine Bedeutung, die in ihrer Ganzheit noch nicht vollständig erkannt ist.

2) $Z_{-40} = m pr^2 y/hc = 9,39928 * 10^{-40}$

Die Zahlen können allgemein aus

3) $Z = m^2 y/hc$

abgeleitet werden und aus

4) $Z = (m^N y/hc)^{1/N-2} / (m^x y/ hc)^{1/x-2}$

und als Spezialfall

5) $Z_{-20} = ((m_{pr}^{0,5} y/hc)^{1/(0,5 \, -2)}) / ((m_{pr}^{-4} y/hc)^{1/(-4-2)})$

Bei der Zahl Z_{-40} ist allerdings eine Eigenheit zu erkennen, wenn man ihrem inversen Wert die Exponenten 2 und 3 zuweist, ergeben sich die Zahlen 10^{39}, 10^{78} und 10^{117}. Bezogen auf die Universummasse von 10^{51} kg ergeben sich dann zugehörige Massen wie 10^{12} kg, 10^{-27} kg und 10^{-66} kg. Im Text wird auf die Bedeutung der Zahlen nochmal in den einzelnen Kapiteln explizit hingewiesen.

Die Darstellung der Zahlen im 10^{-10} und 10^{-14} Rhythmus. Es ist auf die Zahlenfolge 10^{39}, 10^{78} und 10^{117} zu achten. Wie schon angedeutet, kann daraus eine „Massendimension" abgeleitet werden: $((10^{-40})^{1/4} = 10^{-10}$; $(10^{-40})^{1/3} = 10^{-14}$.

Tabelle 1	Zahlen mit 10^{-10} und 10^{-14}		
Z-14	Z+13	Z+9	Z-10
		1,204E+117	8,304E-118
8,30369E-118	1,204E+117	2,109E+107	4,743E-108
8,47698E-105	1,180E+104	3,69202E+97	2,70855E-98
8,65388E-92	1,15555E+91	6,46453E+87	1,54690E-88
8,83448E-79	1,13193E+78	1,13191E+78	8,83465E-79
9,01884E-66	1,10879E+65	1,98191E+68	5,04563E-69
9,20705E-53	1,08612E+52	3,47023E+58	2,88165E-59
9,39919E-40	1,06392E+39	6,07620E+48	1,64577E-49
9,59534E-27	1,04217E+26	1,06391E+39	9,39928E-40
9,79558E-14	1,02087E+13	3,26177E+19	3,06582E-20
		5,71119E+09	1,75095E-10

Tabelle 2	Wichtige Zahlen (Masterzahlen und reelle Zahlen)			
Masterzahlen	**Exponenten**			
$mpr/(hc/y)^{1/2}$	-20			Z
m^2y/hc	-40			Z^2
Z, Z^2, Z^3	-20	-40	-60	Z
mpl/Z	12	31	51	M
$Z^2;Z^4;Z^6$	-40	-80	-120	Z
$m = (Z^{,2,4,6}\,hc/y)^{1/2}$	-27	-47	-66	M
$M = M_{2,4,6}/\ Z^2;Z^4;Z^6$	12	31	51	M
		-27		
		51		
Reelle Zahlen				
$mpr/(hc/y)^{1/2}$	3,0658E-20			
m_{pr}^2y/hc	9,3993E-40			
Z, Z^2, Z^3	3,0658E-20	9,3993E-40	2,8817E-59	
$m_{pl}/Z = m_{2,4,6}$	1,7795E+12	5,8044E+31	1,8933E+51	
$Z^2;Z^4;Z^6$	9,3993E-40	8,8346E-79	8,3039E-118	
$m = (Z^{2,4,6}\,hc/y)^{1/2}$	1,6726E-27	5,1280E-47	1,5721E-66	
$M = M_{2,4,6}/\ Z^2;Z^4;Z^6$	1,7795E+12	5,8044E+31	1,8933E+51	
	1,6726E-27			

In der Tabelle 3 sind drei Untertabellen als Exponentendarstellung benannt, um die Verwandtschaft zwischen den Zahlen und Massen darzustellen. Tabelle 3 (1/-8) bezieht sich auf die Planckmasse. Tabelle 3 $(1/10^{-27})$ auf das Proton als Reverenz zur Zahl 1 und dem Proton. Die Tabelle 3 $(1/10^{-8})$ und $(10^{-40}/10^{-27})$ bezieht sich auf die Größen des gedehnten Universum. In den Tabellen findet man eine Massenskala, in der sich unser Universum mit einigen grundlegenden Beweisgrößen abbilden lässt. Neutrino, Proton, Planet, Stern, Galaxie und Universum.

Die nachfolgenden Tabellen differenzieren zwischen der Planck- und Protonenmasse. Die Tabelle 3, $(10^{-40}/10^{-27})$ nimmt die empirischen Daten auf, so dass sich daraus theoretische Ausgangswerte ergeben, wie z.B. die Reihe 10^{-10} usw. In der Tabelle 3, $(1/10^{-8})$ wird die Masse mit den Planckzahlen 10^{-20}, 10^{-40} und 10^{-60} definiert. Sie ergibt dann 10^{-66} kg und 10^{+51} kg. In der Tabelle 3, $(1/10^{-27})$ wird die Masse mit den Protonenzahlen 10^{-40}, 10^{-79}, 10^{-118} definiert. Sie ergibt dann ebenfalls die Massen 10^{-66} kg und 10^{+51} kg. In der Tabelle 3, $(1/10^{-8}$ kg und $10^{-40}/10^{-27}$ kg) zeigt sich die Verbindung zwischen der Planck- und Protonenmasse.

Die Tabelle 3 zeigt, dass die Größenwerte, die dem Universum entsprechen, nicht allein aus der Planckmasse oder dem Proton ableitbar sind, sondern dass beide Massengrößen notwendig sind, um einen Zusammenhang herzustellen (s. -60/-66; -40/-66; -120/-66).

Tabelle 3	Zahl und Masse (z.B. als Exponent Zahl 1 und der Planckmasse 10^{-8} kg)																							
120	-100	-90	-80	-70	-60	-50	-40	-30	-20	-10	**1**	10	19	29	39	49	59	68	78	88	98	107	117	Zahl
-125	-106	-96	-86	-76	-66	-57	-47	-37	-27	-17	**-8**	2	12	21	31	41	51	60	70	80	90	99	109	Masse

							-40	-30	-20	-10	**1**	10	19	29	39									Zahl
							-66	-57	-47	-37	**-27**	-17	-8	2	12									Masse

					-120	-100	-80	-60	-40	-20	**1**	19	39	58	78	98	117							Zahl
					-66	-57	-47	-37	-27	-17	**-8**	2	12	22	31	41	51							Masse

Als ich vor 14 Jahren die gewonnenen Eindrücke aus den Kirchenräumen und aufgrund eines elementaren Vorganges zu meinem Buch „Der Urton vor dem Urknall" zu fokussieren begann, entwickelte ich eine Tabelle. In dieser Tabelle beginnt das Universum nicht mit der Planckzeit (Länge), sondern es beginnt mit der Wellenlängenzeit des Kosmos. Stephen Hawking beschreibt die Plancklänge bzw. -Zeit als Grenze und nimmt an, es würde eine Singularität vor der Planckzeit-länge bei seinen Formeln, bzw. auch im Schrifttum geben. Ich kenne seine Formeln nicht, aber in meiner Tabelle, s. Homepage www.Thomas-Hettich.de / Fragmente des Einen / Zahlen und Daten ergibt sich keine Singularität und die Entstehung des Universum ist ab dieser Zeit (Wellenlängen-zeit des Universum) dargestellt.

Was für mich jedoch besondere Aufmerksamkeit eröffnete, war damals und ist bis heute die

Masse Kosmos	$m = 10^{51}\,kg$
de Broglie	$l = h/mc$
Wellenlänge des Kosmos	$l = 10^{-93}\,m$

Diese Universumwellenlänge ist sehr, sehr klein. Sie ist 10^{-60} mal kleiner als die Plancklänge $10^{-35}\,m$ und 10^{-78} mal kleiner als die Protonenwellenlänge $10^{-15}\,m$. Schreibt man $10^{-93}\,m * 10^{78} = 10^{-15}\,m$ so zeigt sich die Protonenwellenlänge. Ein eigenartiger Zusammenhang. Zuvor wurde schon auf die Zahlenfolge, 20, 40, <u>60</u> und 39, <u>78</u>, 117 als Exponenten hingewiesen. Die Anzahl der Protonen multipliziert mit der Wellenlänge des Universum ergibt die Protonenwellenlänge. Die Masse von $10^{78} * 10^{51}\,kg = 10^{129}\,kg$ entspricht dann $10^{117} * 10^{12} = 10^{129}\,kg$. Die Anzahl Protonen aus dieser Masse ergibt $10^{129}/10^{-27} = 10^{156}$. Diese Zahl kann man wiederum mit $10^{78} * 10^{78} = 10^{156}$ darstellen. Danach sind Zahlbezüge möglich, die sich auf die Konstanten, den Raum, die Zeit und die Masse beziehen. <u>Ist dies Spielerei mit Zahlen</u>? $10^{78} * 10^{-15}\,m = 10^{63}\,m = 10^{39} * 10^{24}\,m$. Diese „Deckungen" sind vergleichbar mit der Konsonanz und Dissononanz in der Musik.

Stephen Hawking schreibt in seinem Buch „Das Universum in der Nußschale", dass der Radius des Ereignishorizontes – allein – von der Masse abhängt und zeigt die zugehörige Formel mit $R = Gm/c^2$ die auf Schwarzschild zurückgeht. Hier ist die Masse proportional zum Radius (R) des Ereignishorizont. Desweitern gibt er eine auf ihn zurückgehende Formel für die Entropie des Schwarzen Loches an mit $S = Akc^3/4hG$. Stephen Hawking schreibt, dass die Entropie ein Maß der inneren Zustände sei, also der möglichen inneren Konfigurationen. Da sich unsere Darstellung auf das Proton bezieht, bekommen wir für den Radius des Ereignishorizontes des Schwarzen Loches des Proton $R_{SL} = 10^{-54}\,m$ ($A = 10^{-108}\,m^2$). Die de-Broglie Wellenlänge des Proton ist bekannt mit $10^{-15}\,m$. Ist das Verhältnis von $10^{-54}\,m/10^{-15}\,m = 10^{-40}$ einmalig oder kommt diese Zahl auch in anderen Varianten vor? Zurück zum Schwarzen Loch von S. Hawking. Die Entropie des Schwarzen Loch des Proton beträgt $10^{-62}\,J/T$. Zehn hoch minus bedeutet kleiner eins. Bis rd. 1960 galt das Proton als autark. Dann bestand es aus 3 Quarks und mehreren Kraftteilchen. Seit den Forschungen bei DESY besteht das Proton aus einem Quarksee. Diese Anzahl bedingt eine höhere Anzahl als einer inneren Struktur kleiner 1 wie es uns die Hawking Formel vorgibt. Gelten Schwarze Löcher nur ab einer Massengrenze oder wäre, wie gezeigt ein Schwarzes Loch durch das Proton denkbar? Denn die innere Struktur des Proton ist noch weit größer als bisher angenommen. Es ist deshalb für mich wichtig den platonischen Absolutismus zu hinterfragen, wobei ich jede Hinterfragung meiner Darstellung sogar wünsche aber mit einer gezeigten bzw. jetzt folgenden Fragestellung.

$$6) \quad \sqrt{\left(\frac{m^2 y}{hc}\right)} * \frac{h}{mc} = \frac{m^2 y}{hc} * \frac{h^2}{m^2 c^2} = \sqrt{\left(\frac{hy}{c^3}\right)}$$

In fast jedem populärwissenschaftlichen Buch der Physik stößt man auf die Einheiten „Gottes". Sie gehen auf Max Plank zurück und sind vermeintlich eine feststehende Größe < <u>und wurden vermutlich durch Probieren gefunden</u> >. Max Planck hat sehr, sehr beeindruckend formuliert, dass diese Einheiten, nicht nur auf der Erde, dem Sonnensystem selbst, sondern bis an den Rand unseres Kosmos gelten würden. In der oberen Gleichung sehen Sie neben dem rechten Gleichheitszeichen die Plancklänge. Bisher die grundlegendste physikalische Formel zu einer Länge. Für die theoretischen Physiker bedeutet sie die Grenze zur Singularität in der ihre bisherigen Konzepte (ART; Stephen Hawking) versagen. Wenn Sie die linke Seite ansehen, so ist eine Möglichkeit gezeigt, wie sich die Plancklänge zusammensetzt bzw. zusammensetzen kann. Durch die Zahl $10^{-20} * 10^{-15}\,m$ (de Broglie) $= 10^{-35}\,m$ (Planck). Ob damit eine Grenze gegeben ist, also eine Singularität, oder ob mittels einer Zahl noch ergänzende und vertiefende Möglichkeiten gegeben sind ist bisher noch offen. Die Frage stellt sich, sind die Formeln lösbar und deren Ergebnisse auflösbar, so dass wir zu ganz anderen Deutungen kommen ($10^{-93}\,m * 10^{78} = 10^{-15}\,m$). Am Ende des Buches können dann eigene Möglichkeiten aufgezeigt werden. Ist die mathematische- physikalische Planckzahl $Z_{-20,-40}$ fundamentaler als die Plancklänge, -Zeit- oder Masse? In den gezeigten nächsten Sachverhalten wird dies einfacher möglich, auch für den geübten Leser im möglichen Querlesen zu ergründen. Noch nicht gelöste Merkwürdigkeiten sollen in den nachfolgenden Abschnitten klarer dargestellt werden sollen.

Aus der Zahl die Protonenmasse über die Beschleunigung durch die Planckmasse. Die Zahl Z_{-20} wird aus der Massenquantiesierungsformel mit $N = 0,5$ und $x = -4$ generiert. Das Proton ergibt sich danach aus $m_{pl} * Z_{-20} =$ Proton. Eine vermeintliche Ableitung der Beschleunigung a aus m_{pr} ist damit nicht gegeben, denn

$a_{pl} * Z_{-20} = a_{31}$. Eine ähnliche Bedingtheit wie zwischen Planckzahl $Z_{-20} * l_{dB}$ ist damit gegeben.

7) $a = a_{31} * Z_{-20} = 2,08 \ E+12 \ m/s^2$

8) $a_{31} * Z_{-20} * m_{planck} = F = 1,14 \ E+5 \ kg \, m/s^2$

9) $E = F * l_{dB} = E = 1,5 \ E-10 \ kg \ m^2/s^2$

10) $m = E/c^2 = 1,672 \ E-27 \ kg$

Der Oberton aus der Massenquantisierungsformel führt zu einer rein mathematischen Beziehung $x = 1/(N-1) - 1/N$. Bei den 20 bzw. 40-zigstelligen Zahlen gibt es im Nachkommabereich geringfügige Differenzen zwischen den physikalischen und den mathematischen Berechnungen.

Es ist eine einfache Überlegung, ob der Oberton bedeutsamer ist oder der Grundton. (Vergleich Sinatra, indisches OM). Die „Wahl" zum Oberton führte nicht über eine Skala von wechselnden Obertönen, sondern zum letzten Oberton in einer Schwingung, natürlich vorerst nicht als Bewegung gedacht.

Tabelle 4	Zahl 10^{-20}
N	5,71118663330579E+09
1/N-1	1,7509496088666E-10
1/N	1,75094960856002E-10
x = 1/N-1 - 1/N	3,06582344827533E-20
Nr.5/Nr.6	3,06582453171649E-20

Träge-Schwere Masse

Albert Einstein definiert zur trägen und schweren Masse in seiner Schrift „Über die spezielle und allgemeine Relativitätstheorie"[x1].

1.) Kraft = (träge Masse) ∗ (Beschleunigung)

2.) Kraft = (schwere Masse) ∗ (Intensität des Schwerefeldes)

Bildlich kann man sich dies in <u>etwa</u> so vorstellen

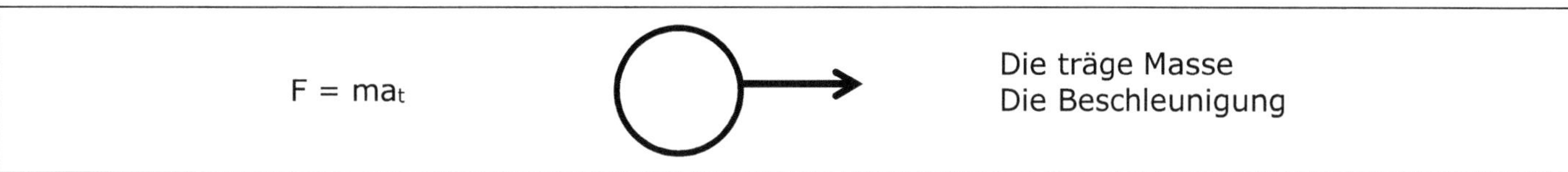

zu 1.) Bild 1: Kraft = (träge Masse) ∗ (Beschleunigung)

zu 2.) Bild 2: Kraft = (schwere Masse) ∗ (Intensität des Schwerefeldes)

Albert Einstein definiert nun neben (zu) den beiden Kräften vier Parameter:

zu *1.)*   Die träge Masse
        Die Beschleunigung

zu *2.)*   Die schwere Masse
        Die Intensität des Schwerefeldes

Wenn ein Fußballtorhüter mit einer Bogenlampe zum gegnerischen Tor schießt, dann ist klar, dass dies ein vermeintlich einfacher, bei genauer Betrachtung ein komplexer Vorgang ist. Hinsichtlich der einsteinschen Definition ist es doch so, dass beim Abschlag der Zustand 1.), Bild 1, nämlich die träge Masse mal der Beschleunigung vorwiegend wirkt und beim Umkehrpunkt, also nach dem höchsten Punkt des Balles über der Erde, das diesbezügliche Schwerefeld der Erde, also der Zustand 2.), Bild 2, nämlich die schwere Masse mal der Intensität des Schwerefeldes auf den Fußball wirkt.

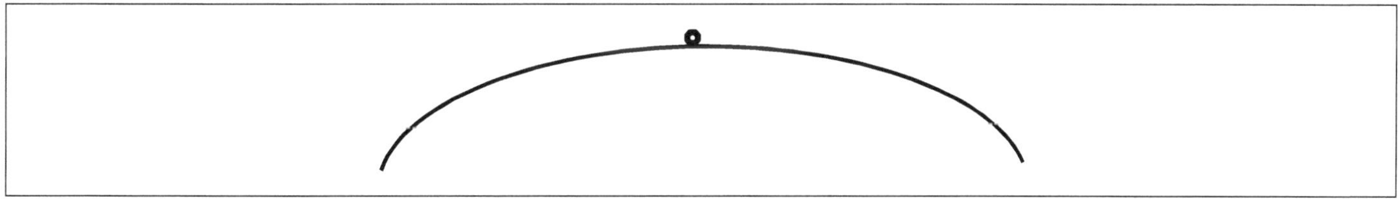

Bild 3: Fußball (Bogenlampe)

Wenn nun die Einstein'sche Definition Bestand haben soll, dann muss der Fußball, oder jedes andere Objekt unter den gleichen physikalischen Bedingungen zunächst vorwiegend eine träge Masse besitzen und nach dem Umkehrpunkt vorwiegend eine schwere Masse. Beide Massen sollen gleich sein. Dies würde nach seiner Definition bedeuten, dass sich die träge Masse zur schweren Masse nach obigem Beispiel bzw. <u>dem Umkehrpunkt <verwandelt>, durch irgend einen inneren gearteten Vorgang, den wir noch nicht kennen, oder sie ist einfach gleich.</u>

Wenn aber die träge Masse und die schwere Masse gleich ist wie in zahlreichen Experimenten und dies dem Äquivalenzprinzip der Relativitätstheorie entspricht und dort dargelegt bzw. angenommen wurde, dann wäre es doch folgerichtig, auf den Begriff der trägen und schweren Masse zunächst zu verzichten und nur noch von Masse zu sprechen, die einmal unter der Wirkung der Beschleunigung steht oder der Intensität des Schwerefeldes, welche die gleiche Einheit, also die gleiche Größe hat, aber verschieden hergeleitet wird, nämlich als Beschleunigung.

Bildlich mit dem Fußball gesprochen ist es nachvollziehbar, dass wenn der Fußball unter der Wirkung der Beschleunigung steigt, so hat er die Masse eben unter der Beschleunigung. Fällt er, hat er die Masse unter

Einfluss der Intensität des Schwerefeldes und zwar jeweils als gleiche Masse. Ist die Masse (Fußball) genau im Umkehrpunkt, so unterliegt sie entweder der möglichen Beschleunigung, der Intensität des Schwerefeldes, oder keines dieser Zustände, sondern hat nur Masse und das was auf diese Masse wirkt, ist seine Eigenwirkung, die Schwerelosigkeit.

Bevor wir den Fußball unter äußeren Wirkungen betrachten, wie die eine mögliche äußere Beschleunigung oder einer äußeren Intensität der Schwerebeschleunigung, denken wir uns den Fußball genau im Scheitelpunkt ohne äußere Einflüsse, also ohne, wie schon definiert, äußere Beschleunigung oder ohne äußere Intensität des Schwerefeldes. Der Fußball schwebt dann bildlich über dem Mittelpunkt des Fußballfeldes. Der Fußball hat ein Gewicht, eine bestimmte Größe, eine äußere Hülle, einen inneren Zustand und er wirkt mit seinem Schwerefeld auf sich selber.

Die Exaktheit der Darlegung lässt die Untersuchung am Fußball nicht zu. Er besteht aus einer Vielzahl von Teilchen, Wechselwirkungen etc. Deshalb überführen wir den Fußball in ein Proton, welches in einem absoluten Vakuum schwebt, ohne äußere Wirkung, also auch ohne virtuelle Teilchen etc.. Die Parameter sollen gleich sein. Das Proton soll ausschließlich ein Gewicht, eine Größe, eine äußere Hülle und einen inneren Zustand (a_t) haben, gleichzeitig erzeugt seine Masse ein Schwerefeld auf sich selber (a_s). Durch diese Tatsache wird sich das absolut ruhende Proton so darstellen.

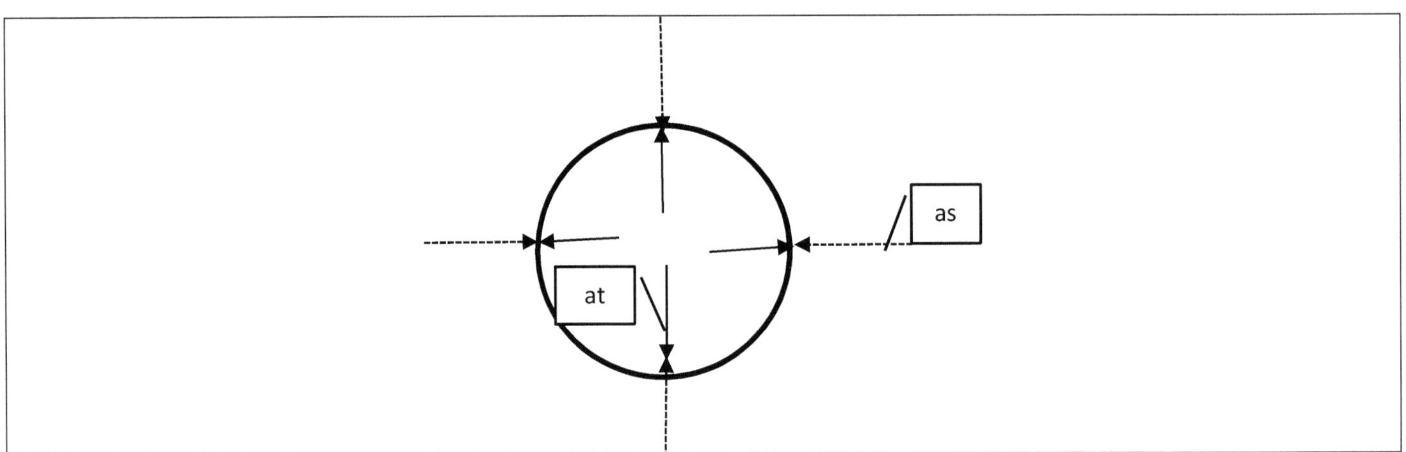

Bild 4) Proton: von Außen kein Einfluss nur eigene Schwerkraft

Es ist offen, ob die festgestellte Ruhemasse, siehe unter 11), nur den eigenen äußeren Zustand des Protons messen konnte oder ob der innere Zustand als Bewegung oder als Ruhe mit bestimmt wird bzw. wurde. Die Masse des Protons ist festgelegt (entnommen aus Wikipedia) mit

11) Masse Proton $m_{pr} =$ 1,672621898 (21) $* 10^{-27}$ kg

In dieser Betrachtung gehen wir davon aus, dass sich die überwiegend materielle Masse in der Hülle und sich ein innerer bewegt; gedacht-ruhender Zustand im Proton befindet (vergl. Fußball). Jeglicher bewegte angenommene Zustand muss als unbewegt gedacht werden, der bei gesamter Grundlagenbeschreibung mittels Planckzeitenschritten zusammengesetzt werden kann (Parmenides-Zenon). Die de Broglie-Wellenlänge $l = h/mc$ wird zur Größenbestimmung des Proton vorerst theoretisch angesetzt. Bisher ist man von drei Quarks und mehreren Gluonen im Proton ausgegangen. Die Forscher in Hamburg (Desy) sprechen mit den neuesten empirischen Daten von einem Quarksee. Es ist deshalb möglich und denkbar, dass der Prozess vom Ganzen zum Teil weiter geführt werden kann, bis zu einer natürlichen Grenze, die das Nichts bzw. ein Etwas darstellen kann. Das Innere des Proton wird demnach immer weiter in kleinere materielle Strukturen überführt. Ähnlich wie beim Fußball, in dem sich komprimierte Luft befindet. Ähnliches setzen wir auch beim Proton voraus, indem durch immer höher werdende Energie immer kleinere Massenstrukturen zu finden sind.

Bei dieser Betrachtung des Proton bleiben folgende Elemente unberücksichtigt: die Ladung, das magnetische Moment, den g-Faktor, das gyromagnetische Verhältnis, den Spin, den Isospin (entnommen aus Wikipedia). Wir treffen Aussagen zur mittleren Lebensdauer, den Wechselwirkungen, den Quarkzusammensetzungen in diesem Fall den Kleinteilchen. Wichtigste Größe ist die Masse und die aus ihr abgeleitete Größen wie die Beschleunigung und Protonengröße. Daneben die de Broglie – Wellenlänge anstatt der Comptonwellenlänge, wobei beide gleich sind, wenn man die Lichtgeschwindigkeit einsetzt und zusätzliche hergeleitete Längen $_{y\,1-4}$. Die de Broglie-Wellenlänge auch deshalb, weil de Broglie einen bedeutenden Fürsprecher für seine Arbeit hatte und nur deshalb diese bedeutende Arbeit und Erkenntnis sich in ihrer Zeit ausprägen bzw. gestalten konnte. Wäre es nach den damaligen physikalischen Schriftgelehrten gegangen, hätte sich der Welle- Teilchenbezug im damaligen physikalischen Schrifttum nicht ausbreiten können.

Der unter Bild 4 gezeigte Pfeil des Schwerefeldes unterliegt der Schwerefeldbeschleunigung $a_s = Gm/r^2$. Die innere Beschleunigung (innerer Pfeil) wird definiert durch $a_t = l/t^2$. Da beide Gleichungen 2 Unbekannte besitzen, formen wir sie in Größenordnungen um, damit auch das verwendete Proton massen- und größenmäßig dem Ansatz entspricht. Mit $l = h/mc$ ergibt sich für die beiden herkömmlichen Beschleunigungsgleichungen a_s und a_t:

12) $a_s = ym^3c^2/h^2 = 6{,}39291 * 10^{-8}$ m/s² entspricht $a = ym/r^2$ mit der dB-Wellenlänge

Und

13) $a_t = mc^3 / h = 6{,}80149 * 10^{+31}$ m/s² entspricht $a = l/t^2$ mit der dB-Wellenlänge

Da wir von einer gleichen Masse ausgegangen sind, ergeben sich verschiedene, sehr unterschiedliche Beschleunigungen, was aber laut Einstein nicht sein kann, da dies zu verschiedenen Kräften und Energien führen würde, da wir ja eine gleiche Masse unterstellten. Deshalb müssen wir uns nochmal vergegenwärtigen, dass wir uns nicht im Steigflug oder im fallenden Flug des „Fußballes" befinden, sondern wir befinden uns an einer Stelle im Universum, wo das Proton ausgenommen von jeder äußeren Kraft R U H T. Die nachfolgende Kraft 14) ist nur das, was von Außen auf das Proton durch sich selber wirkt, mittels seinem inneren „bewegten" Zustand mit der Protonenmasse.

Es ergibt sich eine Kraft von

14) $F_s = = m_{pr} * a_s = 1{,}06929 * 10^{-34}$ N

Die Gravitationskraft die mit $10^{39} * a_s = a_t = m_{pr}c^3/h$ zur starken Kraft führt und damit eine Verbindung zwischen Gravitationskraft und starker Kraft sicherstellt.

15) $F_t = m_{pr} * a_t = 1{,}13763 * 10^{+5}$ N

Eine Kraft die der starken Kraft entsprechen kann.

Diese beiden Kräfte sind „Grenzkräfte" des Proton, die mit den gezeigten Längen verschiedene Energien bzw. Massen ergeben. Die innere Kraft aus l/t^2 und die äußere selbstwirkende Kraft aus ym/r^2, die in einem gegenseitigen verhältnismäßig grundlegenden Zahlenbezug stehen (Gravitation/Starke Kraft).

16) $Z1 = Fs/Ft = 1{,}06929 * 10^{-34}$ N$/1{,}13763 * 10^{+5}$ N $= 9{,}39928 * 10^{-40}$ $1{,}06391 * 10^{39}$ invers

Es ist nun offensichtlich, dass man mit der kleinen Zahl und der großen Kraft die kleine Kraft ermitteln kann und umgekehrt. Auch dann, wenn man die Zahlen strukturiert. Dies bedeutet, dass man innerhalb der Zahlenskala 10^{-40} und 10^{39} und der zugehörigen Kraftskala weitere stimmige Kräfte ermitteln können muss. Weiteren Bestand haben die beiden unterschiedlichen Kräfte (Energien, Massen), die man als Einheit jetzt durch die Zahlen $_{-40,+39}$ summarisch definieren kann. Dies bedeutet, wenn man diese Kräfte ineinander überführen will, dass man dann anhand der Grenzkraft stark und der Grenzkraft sehr schwach von einer Kraft sprechen kann, nur eben in verschiedenen Stärken (z.B. Skala 10^{-15}m$/10^{-54}$m). Die sehr schwache Kraft ist einerseits zahlenmäßig in der starken Kraft enthalten, was auch beim Proton die Gleichheit von Träge und Schwere bedingen würde. Andererseits besteht aber auch die Möglichkeit, dass die beiden Kräfte getrennt wirken, was zu einer Ungleichheit führen würde. Dies gelingt jedoch nur unter der zulässigen Verwendung der Zahl, ähnlich der Obertonbildung bei einem Grundton. Deshalb wird untersucht, wie sich die Gleichheit der beiden Beschleunigungsformeln ausdrückt und was sich daraus ergibt.

17) mc^3/h $(a_t) = y$ m^3 $c^2/$ h^2 $(a_s) = m = \sqrt[2]{\dfrac{hc}{y}}$

Es ergibt sich die Planckmasse. Damit zeigt sich nicht irgend ein Wert, sondern eine der grundlegendsten Größen der Physik, bzw. in der Natur.

Setzen wir als „Wiege- Instrument" in die Gleichung 17) als feststehende Formel jedwede Masse ein, so erhalten wir unterschiedliche Beschleunigungen und die Träge und Schwere wären bei gleicher Masse nicht mehr gegeben, bzw. nur durch einen Ausgleich, wie z.B. die unterschiedliche Länge bei einer Balkenwaage (z.B. 10^{-27} kg; 10^{-8} kg, oder 10^{12} kg und 10^{-27} kg). Nur eine Masse liefert in beiden Gleichungen dieselbe Beschleunigung und damit die gleiche Kraft. Das ist die Planckbeschleunigung, die sich aus der Planckmasse ergibt.

Dies ist ein äußerst merkwürdiges, ein äußerst seltsames Ergebnis, denn es zeigt, dass nur dieselbe Träge und Schwere entsteht, wenn sie aus der Planckmasse zusammengesetzt ist. <u>Dies muss aus der Verwandlung der trägen und schweren Masse am Umkehrpunkt des „Fussballes" in Zusammenhang stehen.</u> Die Probekörper (Masse) der Eötvös-Versuche sind dem Verfasser nicht bekannt, müssten aber nach diesem Ergebnis größer als die Planckmasse sein und die Träge und Schwere wäre nur bei einer Größe über der Planckmasse gleich. Deshalb werden wir die Eingangs verwendeten Formeln $a = l/t^2$ und $a = y$ m/r^2 gleichsetzen, um einen möglichen Unterschied zu prüfen.

18) $(a_t) = l/t^2 = ym/l^2 = (a_s)$

Setzen wir ebenfalls die de Broglie-Werte in die Gleichungen ein, erhalten wir dieselben Werte wie in den obigen Gleichungen. Gleichung 17) hat nur eine Möglichkeit, die Beschleunigung zu bestimmen, nämlich die Masse. Werden links und rechts gleiche Massen, außer der Planckmasse, eingesetzt, ergeben sich verschiedene Beschleunigungen und damit verschiedene Trägheits- und Schwerewerte. Es ist bei dieser Darlegung wichtig, dass man Ockhams Rasiermesser gerade nicht anwendet, denn dies führt zum physikalischen „Suizid", nämlich ausschließlich zur Planckmasse, die uns aber vorerst keine weiteren Möglichkeiten bietet. Deswegen kann Gleichung 18) auf verschiedene Weise dargestellt werden, nämlich aufgrund der Werte aus den Gleichungen 12) und 13).

19) $t_s = c/a_s = 4{,}68945 * 10^{+15}$ s

20) $t_t = c/a_t = 4{,}4077 * 10^{-24}$ s

21) $l_S = c^2/a_s = 1{,}40586 * 10^{+24}$m

22) $l_t = c^2/a_t = 1{,}32141 * 10^{-15}$m

Einfacher lautet die Formel aus Gleichung 18), wie in meinen früheren Veröffentlichungen gezeigt.

23) $V = myt^2$

Setzt man die Werte aus 19)-22) in 23) ein, ergeben sich folgende Größenordnungen. (m = Protonenmasse, y = Gravitationskonstante)

24) $V = 2{,}45481 * 10^{-6}$ m³   mit Gleichungen 23) und 19)

Dieses Volumen bezieht sich auf rd. 10^{78} Protonen, die in einem Volumen aus Gleichung 17) gleichmäßig verteilt sind. Damit nimmt ein Proton den obigen gedehnten Volumenwert (2cm $*$ 2cm $*$ 2cm) volumenmäßig ein.

25) $V = 1{,}6874 * 10^{-84}$ m³   mit Gleichungen 23) und 20)

Diese Volumengröße$_{V-84}$ siedelt sich an zwischen dem Planckvolumen und dem Protonenvolumen aus der dB-Wellenlänge. Dieses Volumen ist $9{,}399 * 10^{-40}$ kleiner als das Protonenvolumen und das Planckvolumen ist $3{,}065 * 10^{-20}$ kleiner als das gezeigte. Dies bedeutet, dass $1{,}309 * 10^{39}$ solcher Würfel im Protonenwürfel Platz finden und die Protonenmasse sich durch entsprechend gleiche Kleinteilchenmassen darstellen lässt. Diese Betrachtung ist supersymmetrisch und statisch. Die Untersuchungen des Paul-Scherrer-Institutes finden am bewegten Proton statt und liefern damit differente Längen zur de-Broglie Wellenlänge. Bewegte Systeme sind weitaus komplexer, weshalb vorerst nur das ruhende Proton zur Untersuchung der Masse unter Berücksichtigung der Beschleunigung und des Schwerefeldes dienen soll.

26) $t = 4{,}98916 * 10^{54}$ s

Diese Zeitangabe erscheint im ersten Moment als unrealistisch, da sie weit über den uns vorstellbaren zeitlichen Horizont hinausgeht. Setzen wir die Zahl $1{,}309 * 10^{39}$ (z.B. Längenverhältnis = 10^{24}m/10^{-15}m) und der Zeit aus Gleichung 19) mit $4{,}68945 * 10^{+15}$ s an, so ergibt sich mit der Multiplikation der beiden Terme der Wert unter Gleichung 26). Damit wird aus einer Längenzahlbeziehung (10^{39}) mit der Eigenzeit des Proton 10^{15}s eine Gesamtzeit dargestellt. Also jedem Längenabschnitt (Protonenwellenlänge) über die Länge von 10^{24}m wird eine Zeit von 10^{15}s zugeordnet.

27) $1{,}4377042 * 10^{-4}$ s

Eine Zehntausendstel Sekunde, für die Praktiker kein Problem, diese Zeitspanne nachzuweisen. Wenn wir die Zeitdauer des Lichtes durch die Wellenlänge des Protons mit dem elementaren, inversen Zahlenwert von 10^{-20} teilen, so ergibt sich diese Zeitgröße $t = (h/m_{pr}c^2)/((m_{pr}/(hc/y)^{1/2})$.

Wenn man Gleichung 23) umstellt nach $m = V/yt^2$ und für V das Protonenvolumen und $t = 4{,}68945 * 10^{+15}$ s einsetzt, dann erhalten wir ein Kleinteilchen mit der Masse von $1{,}57214 * 10^{-66}$ kg. Auch folgende Formeln liefern ein Massenergebnis für das Kleinteilchen $m_{kl} = m_{pr}^3 y/hc$. Auch diese Teilchen wurden in meinen Schriften $_{(y1-4)}$ hergeleitet. Ebenso die Imaginationskonstante i mit $m = ia$, wobei $i = h/c^3$ ist und mit jeder denkbaren Beschleunigung sich in der Regel eine dunkle Materie darstellen lässt. Die Kleinheit von i ist dabei zu beachten.

Wir unterstellen dem Kleinteilchen den gleichen Durchgang, wie wir die Beschleunigung etc. beim Proton gefunden haben.

Wir finden für das <u>Kleinteilchen</u>

28) $a_t = 6{,}39291 * 10^{-8}$ m/s²

Also die <u>träge</u> Beschleunigung des Kleinteilchen ist genau so groß wie die Schwerefeldbeschleunigung des Proton und für die Intensität des Schwerfeldes des Kleinteilchen ergibt sich

29) $a_s = 5{,}3086 * 10^{-125}$ m/s²

Die träge Beschleunigung a_t beträgt zur Schwerefeldbeschleunigung a_s im Proton ein Verhältnis von 10^{-40}. Im Kleinteilchen ergibt sich aber ein Zahlenbezug von 10^{-118}. Man sieht jetzt, dass das Kleinteilchen im Schwerefeld des Proton die gleiche Schwerefeldbeschleunigung besitzt wie die Trägheitsbeschleunigung des Kleinteilchen selbst. Damit ist die <u>Schwere und die Träge</u> Masse des Kleinteilchen gleich, und wenn unsere

Materie aus Kleinteilchen besteht, so wäre dies ein theoretischer Beweis für die Gleichheit von schwerer und träger Masse (s.Bild 5 $10^{-8};10^{-8}$). Sterne, Gase, Neutrinos besitzen ca. 5% an der Universummasse, die einsteinsche Grundlage zur trägen und schweren Masse. Die dunkle Masse hat 23% Prozent, der Anteil des Kleinteilchen und die dunkle Energie 72% alle anderen gezeigten Massen bzw. Energien.

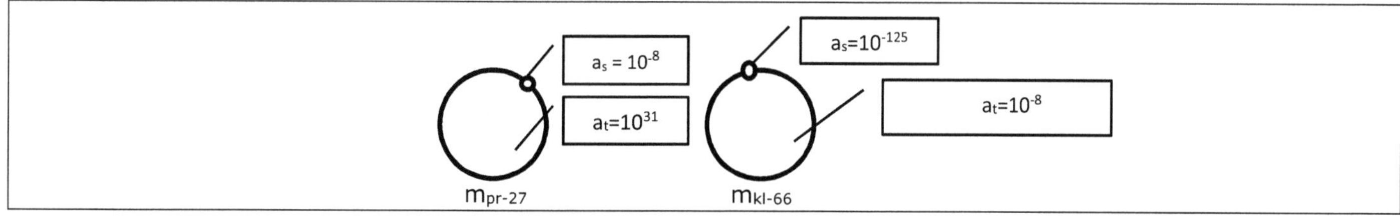

Bild 5: Proton und Kleinteilchen (Gleichheit von Schwere und Träge)

Es ergeben sich beim Kleinteilchen wie beim Proton Grenzkräfte

30) $F_t = 1{,}005057 * 10^{-73}$ N

31) $F_s = 8{,}34593 * 10^{-191}$ N

Diese setzen sich folgendermaßen zusammen.

31) $10^{-40} * 10^{-34}$ N $= 10^{-73}$ N und $\qquad$ $10^{-118} * 10^{-73} = 10^{-191}$.

Wir ermitteln noch die Längen und Zeiten des Kleinteilchen, so wie beim Proton unter 18) und 19)-23).

32) $t_s = 5{,}6473 * 10^{+132}$s

33) $t_t = 4{,}68945 * 10^{+15}$s

34) $l_s = 1{,}693 * 10^{+141}$m

35) $l_t = 1{,}40586 * 10^{+24}$m

Es zeigen sich beim Kleinteilchen Verwandtschaften zum Proton selber. Dies sind zum einen die Längen 10^{24}m, die gleiche Zahlengrößen darstellen, aber jeweils einmal der „Trägheit" und das andere Mal der „Schwere" zuzuordnen sind. Gleiches findet man bei den Zeiten unter 10^{15}s. Beindruckend sind die beiden Zeiten 10^{15}s und 10^{132}s. Hier wird deutlich, dass diese Zeiten dimensionsbefaftet sind und einerseits der Länge 10^{24}m ($Z = 10^{39}$) und dem Volumen 10^{72}m³ ($Z = 10^{117}$) zugeordnet werden können. Damit kann die Vermutung geäußert werden, dass die Zeit quantisiert ($10^{117} * 10^{15}$s) ist, bezogen auf das Kleinteilchen und seine Größen.

Beim Proton ergeben sich Zahlenverhältnisse unter Gleichung 18), die identisch sind, wie die unter Gleichung 16), (10^{-40}; 10^{+39}). Die Zahlenverhältnisse unter Gleichung 33)-36) ergeben die Zahl $1{,}204 * 10^{+117}$. Die Zeit $5{,}647 * 10^{+132}$s ergibt sich danach aus $1{,}204 * 10^{+117} * 4{,}689 * 10^{+15}$s. Die Zeit nach 33) ist demnach eine Zeit, die zusammengesetzt ist aus der Eigenzeit des Kleinteilchens multipliziert mit der Anzahl der vorhandenen Kleinteilchen im Gesamtvolumen des „gedehnten; 10^{72}m³" Protonenvolumen. Entsprechendes gilt für die Längen ($10^{117} * 10^{24} = 10^{141}$m) des Kleinteilchen.

Nachfolgend sind die Längen, die sich vorwiegend auf 1 Massenkonstante (m_{pr}), 1 Konstante der Gravitation (y), 1 Konstante der Geschwindigkeit (c) und 1 Konstante der Wirkung (h) ermittelt und dargestellt. In jeder der 8 (9) Längenformeln ergibt sich durch «Einsetzen» der Planckmasse die Plancklänge. Jede andere Masse führt zu entsprechenden «Dehnungen und Verkürzungen» des Planckursprungsraumes.

Tabelle 5	Proton elementare Längen		
Nr.	**Länge**	**L**	**V**
1	h/mc	1,32E-15	2,3E-45
2	$(h^4/m^5yc^2)^{1/3}$	1,35E-02	2,5E-06
3	h^2/ym^3	1,41E+24	2,8E+72
4	$(h^2y/c^4m)^{1/3}$	1,29E-28	2,2E-84
5	my/c^2	1,24E-54	1,9E-162
6	$(h^3/m^4cy)^{1/2}$	4,31E+04	8,0E+13
7	$(hy^2m/c^5)^{1/3}$	1,27E-41	2,0E-123
8	$(h^3y/m^2c^5)^{1/4}$	2,31E-25	1,2E-74

Die Trägheit und Schwere in der Massensummation

Das Proton aber auch das Kleinteilchen haben z.T. gleiche Längengrößen, aber abgeleitet aus verschiedenen Formelbezügen, die zu verschiedenen Strukturlängen führen. Die verschiedenen Längen, die vergleichsweise als Obertonlängen zu werten sind, wurden hergeleitet in den genannten Schriften.

L_1 = die Wellenlänge	L_5 = der Schwarzschildradius
L_2 = die Volumenlänge 1	L_6 = die Volumenlänge 3
L_3 = die Volumenlänge 2	L_7 = die Strukturlänge 2
L_4 = die Strukturlänge 1	L_8 = die Strukturlänge 3

Die Tabellengrößen mit den verschiedenen Parameter lauten für das Proton und für das Kleinteilchen wie folgt.

Tabelle 6	Proton (10^{-27} kg)		
Nr.	**Länge**	**L**	**V**
l_1	h/mc	1,32E-15	2,30735E-45
l_2	$(h^4/m^5yc^2)^{1/3}$	1,35E-02	2,45481E-06
l_3	h^2/ym^3	1,41E+24	2,77862E+72
l_4	$(h^2y/c^4m)^{1/3}$	1,29E-28	2,1692E-84
l_5	my/c^2	1,24E-54	1,9160E-162
l_6	$(h^3/m^4cy)^{1/2}$	4,31E+04	8,0070E+13
l_7	$(hy^2m/c^5)^{1/3}$	1,27E-41	2,0390E-123
l_8	$(h^3y/m^2c^5)^{1/4}$	2,31E-25	1,2386E-74
mc^3/h	a_t	6,801487E+31	m/s²
ym^3c^2/h^2	a_s	6,3929080E-08	m/s²
$m_{-27*}a_t$	F_t	1,137632E+05	Kgm/s²
$m_{-27*}a_s$	F_s	1,069292E-34	Kgm/s²
	a_t/a_s	1,063911E+39	9,399280E-40
	F_t/F_s	1,063911E+39	9,399280E-40
$m_{t1} = E/c^2$	1,672622E-27	1,503277E-10	$F_{t*}l_1 = E$
$m_{t2} = E/c^2$	1,707522E-14	1,534644E+03	$F_{t*}l_2 = E$
$m_{t3} = E/c^2$	1,779521E+12	1,599354E+29	$F_{t*}l_3 = E$
$m_{t4} = E/c^2$	1,638540E-40	1,472647E-23	$F_{t*}l_4 = E$
$m_{t5} = E/c^2$	1,572144E-66	1,412973E-49	$F_{t*}l_5 = E$
$m_{t6} = E/c^2$	5,455700E-08	4,903338E+09	$F_{t*}l^6 = E$
$m_{t7} = E/c^2$	1,605099E-53	1,442591E-36	$F_{t*}l_7 = E$
$m_{t8} = E/c^2$	2,928676E-37	2,632163E-20	$F_{t*}l_8 = E$
$m_{s1} = E/c^2$	1,572144E-66	1,412973E-49	$Fs_{*}l_1 = E$
$m_{s2} = E/c^2$	1,604947E-53	1,442455E-36	$Fs_{*}l_2 = E$
$m_{s3} = E/c^2$	1,672622E-27	1,503277E-10	$Fs_{*}l_3 = E$
$m_{s4} = E/c^2$	1,540110E-79	1,384182E-62	$Fs_{*}l_4 = E$
$m_{s5} = E/c^2$	1,477702E-105	1,328093E-88	$Fs_{*}l_5 = E$
$m_{s6} = E/c^2$	5,127965E-47	4,608785E-30	$Fs_{*}l^6 = E$
$m_{s7} = E/c^2$	1,508677E-92	1,355931E-75	$Fs_{*}l_7 = E$
$m_{s8} = E/c^2$	2,752745E-76	2,474044E-59	$Fs_{*}l_8 = E$
Σ	1,7795E+12		kg

Tabelle 7	Kleinteil (10^{-66} kg)		
Nr.	Länge	L	V
l_1	h/mc	1,40586E+24	2,77862E+72
l_2	$(h^4/m^5yc^2)^{1/3}$	10E+63	10E+189
l_3	h^2/ym^3	1,69301E+141	423
l_4	$(h^2y/c^4m)^{1/3}$	1,32146E-15	2,3076E-45
l_5	my/c^2	1,1674189E-93	1,5910E-279
l_6	$(h^3/m^4cy)^{1/2}$	4,88E+82	1,1612E+248
l_7	$(hy^2m/c^5)^{1/3}$	1,24218E-54	1,9167E-162
l_8	$(h^3y/m^2c^5)^{1/4}$	7,54682E-06	4,2983E-16
mc^3/h	a_t	6,392908E-08	m/s²
ym^3c^2/h^2	a_s	5,30872E-125	m/s²
$m_{-66}*a_t$	F_t	1,005057E-73	N
$m_{-66}*a_s$	F_s	8,345927E-191	N
	a_t/a_s	1,204249E+117	8,303932E-118
	F_t/F_s	1,204249E+117	8,303932E-118
$m_{t1} = E/c^2$	1,572144E-66	1,412973E-49	$F_t*l_1 = E$
$m_{t2} = E/c^2$	1,672621E-27	1,503277E-10	$F_t*l_2 = E$
$m_{t3} = E/c^2$	1,893253E+51	1,701571E+68	$F_t*l_3 = E$
$m_{t4} = E/c^2$	1,477753E-105	1,328138E-88	$F_t*l_4 = E$
$m_{t5} = E/c^2$	1,305498E-183	1,173323E-166	$F_t*l_5 = E$
$m_{t6} = E/c^2$	5,455700E-08	4,903338E+09	$F_t*l^6 = E$
$m_{t7} = E/c^2$	1,389106E-144	1,248466E-127	$F_t*l_7 = E$
$m_{t8} = E/c^2$	8,439433E-96	7,584984E-79	$F_t*l_8 = E$
$m_{s1} = E/c^2$	1,305498E-183	1,173323E-166	$Fs*l_1 = E$
$m_{s2} = E/c^2$	1,89E-144	-128,00	$Fs*l_2 = E$
$m_{s3} = E/c^2$	1,572144E-66	1,412973E-49	$Fs*l_3 = E$
$m_{s4} = E/c^2$	-2,403324E-15	-216,00	$Fs*l_4 = E$
$m_{s5} = E/c^2$	1,388934E-144	1,248311E-127	$Fs*l_5 = E$
$m_{s6} = E/c^2$	5,804380E+31	5,216717E+48	$Fs*l^6 = E$
$m_{s7} = E/c^2$	1,477886E-105	1,328257E-88	$Fs*l_7 = E$
$m_{s8} = E/c^2$	8,978808E-57	8,069750E-40	$Fs*l_8 = E$
Σ	1,893253E+51		kg

Die Massensummen (Längen aus Proton) ergeben eine Gleichheit aus der Träge (10^{-27} kg) und aus der Schwere (10^{-66} kg), wenn man den Exponent von 10^{+39} bzw. 10^{-40} berücksichtigt zwischen den kleinen Größen und den großen Größen hinsichtlich der – linearen - Masse (10^{12} kg/10^{-27} kg) und der – räumlichen - Masse (10^{51} kg/10^{-66} kg), bzw. im Zahlbezug ($10^{39\,(Längenbezug)}$ und $10^{117\,(Volumenbezug)}$).

37) $1,572144 * 10^{-66}$ kg/ $1,672621 * 10^{-27}$ kg $= 9,39928 * 10^{-40}$

38) $1,779521 * 10^{+12}$ kg/ $1,893253 * 10^{+51}$ kg $= 9,39928 * 10^{-40}$

Damit auch

39) $1,06391 * 10^{39} * 1,779521 * 10^{+12}$ kg $= 1,893 * 10^{51}$ kg

Unter Tabelle 5 Proton wurde unter $l_4 = 2,16874 * 10^{-84}$ m³ dargestellt. Diesem Volumen entspricht die Länge 10^{-28} m. Die Länge $1,29448 * 10^{-28}$ m kann man auch als Skalierung so darstellen $l_{dB\,Proton}$ (10^{-15}) / $(Z_{39})^{1/3} = (10^{-28}$ m). Dies bedeutet, dass sich bei der gezeigten Struktur$_{-28}$ m in einem Protonenvolumen 10^{39} solche Würfel von 10^{-84} m³ befinden, damit auch 10^{-66} kg schwere Kleinteilchen mit einer „trägen" Kraft von 10^{-34} N. In der Summe also $10^{39} * 10^{-34}$ N $= 10^5$ N Platz finden.

Die aus den Tabellen 6, 7, aufsummierten Massen können auch folgendermaßen angeschrieben werden.

$(hc/m_{pr}^2 * y)^3 * m^3y/hc = h^2c^2/m_{pr}^3y^2 = m_{upr}$

$(m_{pr}hc/m_{pr}^2y) * (hc/m^2y) = h^2c^2/m_{pr}^3y^2 = m_{upr}$

Die acht gezeigten Längen führen beim einsetzen der Planckmasse immer zur Plancklänge. „Jede" andere Masse führt zu einer „Vereinnahmug und Strukturierung" des Raumes, außerhalb des Planckvolumens. Damit „könnte" die Planckmasse gemeinsam mit der Plancklänge eine Art Nullpunkt des Raumes sein. Gegen diesen Ansatz spricht allerdings, dass ein 100 millionstel Kilogramm für die Empiriker kein Problem für einen Nachweis bilden sollten. Wenn man die Planckmasse noch nicht gefunden hat, so wäre sie bis zum Auffinden eine geistige Größe. Wenn aber die Planckmasse eine „geistige" Masse wäre und mit der mathematischen Zahl in irgend einer Form in Verbindung steht, um das Proton abzubilden, dann wäre der „Geist" vielleicht, oder die Idee, auch matrialisiert. Nachfolgend die acht Plancklängen mit der Planckmasse.

Tabelle 8	Längen mit Planckmasse (Raumbildung mit differenten Massen)	
Nr.	Formel	Länge
1	h/mc	4,05E-35
2	$(h^4/m^5yc^2)^{1/3}$	4,05E-35
3	h^2/ym^3	4,05E-35
4	$(h^2y/c^4m)^{1/3}$	4,05E-35
5	my/c^2	4,05E-35
6	$(h^3/m^4cy)^{1/2}$	4,05E-35
7	$(hy^2m/c^5)^{1/3}$	4,05E-35
8	$(h^3y/m^2c^5)^{1/4}$	4,05E-35

Tabelle 9	Protonen mit $\approx c$
$m_b = m_o/ (1-(v^2/c^2)^{1/2}$	
0,9999	299762478,8
$(v^2/c^2)^{1/2}$	0,9999
$1-(v^2/c^2)^{1/2}$	0,0001
m_b	1,67262E-23
$l_{db, \ mb}$	1,32141E-19

In Genf (Cern) werden Protonen auf ca. 0,9999 der Lichtgeschwindigkeit beschleunigt. Durch die Massenzunahme des Proton muss sich eine verkürzte Wellenlänge beim Erreichen der genannten Geschwindigkeit ergeben. Laut Tabelle 9 ergibt sich dadurch eine größere Masse und eine verkürzte Wellenlänge. Mit den ermittelten 8 Längenformeln zeigen sich Längengrößen, die am Protonenzusammenstoß eine Rolle spielen müssen.

Tabelle 10	Proton mit $\approx c$, 8 zugehörige Längen	
Nr.	Formel	Längen
1	h/mc	1,32E-19
2	$(h^4/m^5yc^2)^{1/3}$	2,91E-09
3	h^2/ym^3	1,41E+12
4	$(h^2y/c^4m)^{1/3}$	6,01E-30
5	my/c^2	1,24E-50
6	$(h^3/m^4cy)^{1/2}$	4,31E-04
7	$(hy^2m/c^5)^{1/3}$	2,73E-40
8	$(h^3y/m^2c^5)^{1/4}$	2,31E-27

Das nachfolgende Bild verdeutlicht an einer einfachen Dimensionsbetrachtung die Zahl- und Massenbeziehung.

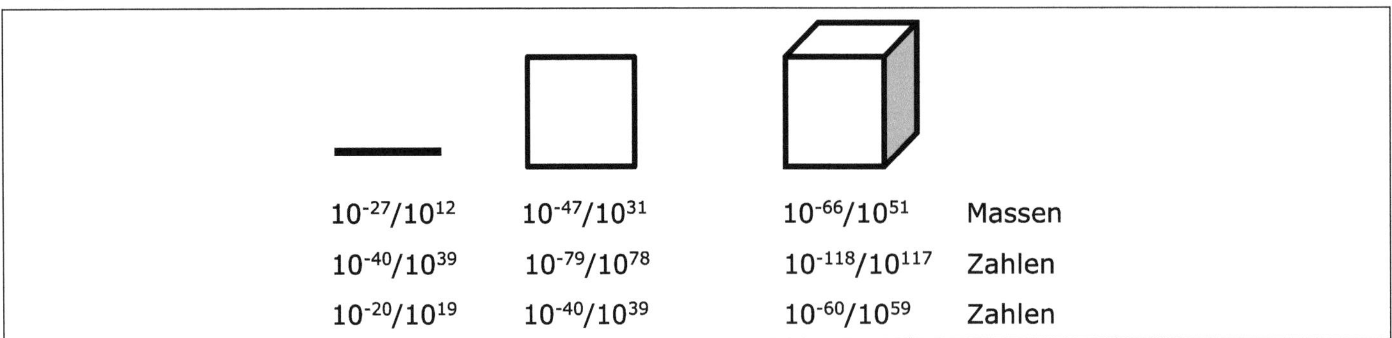

Bild 6: Massendimension als Exponent (Zahlen)

Als Masterzahlen wirken im nächsten Abschnitt (Ziffern = Exponent, m = Masse, Z = Zahl, d = Dimension, Zahl; $10^{-40}, 10^{-79}, 10^{-118}$)

42) 10^{+12} (m) 10^{+39} (Z) 10^{+51} (m)

43) 10^{+39} (Z) 10^{+78} (Z) 10^{+117} (Z)

44) 10^{-40} (Z) 10^{-79} (Z) 10^{-118} (Z)

45)   L d   A d   V d

46) 10^{-27} (m) 10^{+39} (z) 10^{-66} (m)

Die Zahlen $10^{39}, 10^{78}, 10^{117}$ definieren im Zusammenhang mit den zuordenbaren Massen die geometrische Definition der Länge; Fläche und des Volumen ($39*10^{12} = 78*10^{-27} = 117*10^{-66} = 10^{51}$kg) in Bezug auf die angenäherte Universummasse (gedehnte Protonenmasse). So ist auch die Gleichheit des Zahlenverhältnisses L, A, V bei der Protonenmassenentwicklung zu definieren.

47)   (10^{-27}; $10^{19}*10^{-47}$ und $10^{39}*10^{-66}$).

Wenn sich aufgrund einer genauen Berechnung der Universummasse eine Gleichheit hinsichtlich eines Zahlenausgleiches ergibt, so ist die Gleichheit der Masse in Abhängigkeit der Dimension zwischen Träge und Schwere gegeben. Die Annäherung bezieht sich auf die Tabellenwerte mit bis zu über einhundert Nachkommastellen, im Gegensatz zu rund 12 bzw. 51 Vorkommastellen.

48) 10^{-20} (Z) 10^{-40} (Z) 10^{-60} (Z)

49) 10^{-27} (m) 10^{-47}(m) 10^{-66} (m)

50) 10^{+12}(m) 10^{+31}(m) 10^{+51}(m)

Eingangs wurde die Frage gestellt, ob das Kleinteilchen Bestandteil des Proton ist oder ob das Kleinteilchen außerhalb des Proton ist. Wenn wir nach dieser autarken Betrachtung des Protons das Kleinteilchen mit $m_{Kl-66} = m_{Pr}{}^3 y/hc$ bestimmen, so ist eindeutig, dass das Kleinteilchen Bestandteil des Proton ist. Wenn wir aber dieses Proton in seinen gedehnten Raum stellen, der strukturiert ist durch die Protonwellenlänge, in dessen Volumen sich ein Kleinteil befindet, so bildet sich ein Proton durch 10^{39} Kleinteilchen. Insgesamt befinden sich 10^{117} solcher Kleinteilchen im genannten Volumen (10^{72}m³) und bilden die Universummasse bezogen auf das Proton.

Zum Verständnis der Tabellenwerte in Tabelle 6, 7 folgendes Beispiel: Die Masse unter m_{t3} in der Tabelle (10^{-66}) mit $1,893*10^{51}$kg setzt sich zusammen aus:

51) 10^{-66} kg $* 10^{-8}$m/s²$_{(t)=} 10^{-73}$N $* 10^{+141}$ m $= 10^{68}$ J $/10^{16}$m²/s² $= 10^{+51}$kg

Wie schon gezeigt, kann die Masse 10^{-66} kg mit dem Proton ($10^{-40}*10^{-27}$) oder der Planckmasse ($10^{-60}*10^{-8}$) und einer entsprechenden Zahl dargestellt werden. Die Länge von $1,693*10^{141}$ m erscheint zunächst einmal außerhalb jedes Vorstellungsvermögens, ebenso die Zahl 10^{117}. Die gedehnte Volumenlänge des Proton $l = 10^{24}$m multipliziert mit 10^{117} der Anzahl der Kleinteilchen, ergibt 10^{141}m. Dies bedeutet, dass die Strukturlänge (Tabelle 6 Nr.3) des Proton, besser ausgedrückt die Wellenlänge (Tabelle 7 Nr.1) des Kleinteilchen, damit in einem gleichen Volumen die Länge von l_{+24}m in einem Protonenwürfel (Strukturlänge) bzw. einem Kleinteilchen (Wellenlänge) „Platz" findet. Stellvertretend für die Tabellenwerte werden die Grenzen der Massenwerte aufgezeigt.

52) $m = ia$

Da i eine Konstante mit $h/c_{3 (y1-4)}$ darstellt und damit eine verhältnismäßig große Beschleunigung zur momentan nachweisbaren Massenbildung erfordert, wählen wir den Schwarzschildradius und die sich daraus ergebende Beschleunigung mit $l/t²$, da wir, aufgrund der empirischen Massenstabilität alles aus dem Proton ableiten wollen,

53) $l_{sr} = m_{pr} y/c²$

die Durchlaufzeit des Lichtes durch den Schwarzschildradius

54) $t_{sr} = m_{pr} y/c³$

Wir erhalten

55) $m_{12} = i * l_{sr}/t_{sr}² = 1,779521 * 10^{+12}$kg

Diese Masse entspricht einer Länge von 10^{24}m, in der auf jeder Protonenwellenlänge eine Protonenmasse „sitzt" und sich damit 10^{12} kg ($10^{39}*10^{-27}$kg)ergibt. Damit kann auch der SR-Radius mit dem inversen Wert und de Broglie Länge des Proton mit 10^{-54}m bestimmt werden, denn

56) $10^{-40}*10^{-15}$m $= 10^{-54}$m

Die im Schrifttum bekannte Formel zur Massenbestimmung liefert durch einsetzen der gefundenen Beschleunigungsgröße folgenden Wert.

57) $m_u = c^4/y a_s = 10^{51}$kg

Diese Masse bezieht sich ausschließlich auf das gedehnte Proton mit dem Kleinteilchen $m = 10^{-66}$kg. Dabei wird die Schwerefeldbeschleunigung $a_s = ym^3c^2/h^2$ zur Bestimmung dieser Masse als Formel verwendet.

58) $m_u = c^2h^2/y^2m_{pr}{}^3 = 1{,}89325 * 10^{+51}$kg

Die Protonenmasse ist bekannt, wobei auch diese neben anderen Möglichkeiten folgendermaßen angeschrieben werden kann.

59) $m_{pr} = m_{pl} * 10^{-20} = 1{,}672621 * 10^{-27}$kg

Vergleiche auch hierzu die „mathematische" Zahl 10^{-20}. Das Kleinteilchen 10^{-66}kg strukturiert das Volumen 10^{+72}m³ mit seiner Strukturlänge entsprechend der Protonenwellenlänge. In jedem diesen Protonenvolumen bzw. Strukturvolumen ist ein solches Kleinteilchen vorhanden und bestimmt die Masse m_u mit der Zahl 10^{117}, bei einer symmetrischen Anordnung der Protonenvolumen-„würfel" bzw. Strukturwürfel. Eine Herleitung mit $m = ia_s$ für das Kleinteilchen wurde schon gezeigt, deshalb mit einer anderen elementaren Gleichung anstatt $m = ia_s$.

60) $m_{klt} = m_{pr}{}^3\, y/hc = 1{,}572144 * 10^{-66}$kg

Anhand einer einfachen Zahlengeraden mit zugehörigen Massen ergibt sich folgendes Bild.

<table>
<tr><td>Masse (Exponent)</td></tr>
</table>

Masse (Exponent)

-125	-86	-47	-27	-8	12	21	31	51	71	109
117	78	39	19	1	-20	-10	-40	-60	-79	-118

Zahlen (Exponent)

Bild 7: Masse und Zahl

Die Masse des Neutrino mit ca. 10^{-37}kg , und die Masse von Planeten mit ca. $10^{21\text{-}23}$ kg oder Sterne $10^{31\text{-}33}$kg oder Galaxien $10^{41\text{-}43}$ sind in der Skala erkenn- bzw. nachvollziehbar und können als Zahlenbeweis bezogen auf die Planckmasse gelten.

Tabelle 11	Masterzahlen (Exponent)							
	Z_1	m_1	m_2	Z_2	m_3	m_4	Z_3	m_5	m_6
A	-20	-8	-27	-40	-8	-47	-118	-8	-125
B	19	-8	12	39	-8	31	-118	-66	-183
C	-40	-27	-66	117	-66	51			
D	39	-27	12	-118	51	-66			

Wir haben gezeigt, dass die Anzahl 10^{117} der Kleinteilchen mit einer Masse von 10^{-66} kg gleichmäßig verteilt in einem durch die Protonenwellenlänge strukturierten Volumen von 10^{72}m³ die Masse von 10^{51} kg ergibt. Gleichzeitig ergeben 10^{39} Protonen eine Masse von 10^{12}kg. Das Verhältnis der beiden großen Massen beträgt 10^{39}. Das Verhältnis von $10^{117} / 10^{39} = 10^{78}$, das Produkt von $10^{38} * 10^{38} = 10^{78}$. $10^{78} * 10^{-27} = 10^{51}$kg. Damit ergibt sich, dass aufgrund einer summarischen Massengröße unter Berücksichtigung der Dimensionszahlen die Träge und Schwere Masse gleich ist.

61) $L = 10^{39} * 10^{12}$kg $\quad = \quad 10^{51}$kg$/10^{39} = 10^{12}$kg

62) $A = 10^{78} * 10^{-27}$kg $\quad = \quad 10^{51}$kg$/10^{78} = 10^{-27}$kg

63) $V = 10^{117} * 10^{-66}$kg $\quad = \quad 10^{51}$kg$/10^{117} = 10^{-66}$kg

Die Trägheit und Schwere in der Einzelmassenbetrachtung

Die gezeigte Summation bedingt die Gleichheit unter Berücksichtigung der Vorgaben. Auch Eingangs haben wir gezeigt, dass nur die Planckmasse eine Gleichheit in der Einzelgröße zeigt. In den Tabellen 6 und 7 findet sich ebenso die Planckmasse unter m_{t6}. <u>Eine</u> Herleitung zu diesem Ergebnis lautet wie folgt:

64) $m = $ Protonenmasse

65) $a = mc^3/h$

66) $F = m^2c^3/h$

67) $E = (m^2c^3/h) * (h^3/m^4cy)^{1/2}$ s. Längentabelle

68) $E^2 = c^5h/y$

69) $E = (c^5h/y)^{1/2}$

70) $m = (c^5h/y)^{1/2}/c^2$

71) $m^2 = c^5h/yc^4$

72) $m = (hc/y)^{1/2} = $ Planckmasse

Also die Verwandlung der Protonenmasse durch die Länge $(h^3/m^4\,cy)^{1/2}$ zur Planckmasse. Die beiden Massen stehen im Verhältnis von $Z_{-20} = mpr/(hc/y)^{1/2}$. Dies bedeutet, dass die gezeigte Länge mit der Zahl Z_{-20} in einem Verhältnis stehen muss. Vergleiche die elementare Formel zu Z_{-20} im späteren Abschnitt. Herleitungen zu den elementaren Planckeinheiten (L;M;T) sind mir nicht bekannt. Deshalb bedeuten die Schritte von $W_{(Gl.\ 64\text{-}72)}$ eine gewisse Aufmerksamkeit. Die verwendeten Längen sind unter ähnlichen Gegebenheiten hergeleitet. Die Gleichung 66) ist noch der Protonenkraft zuzuordnen. Durch die Multiplikation mit der Strukturlänge l_6 (Tabelle 10) führt es zur Planckmasse. Ich halte dies für einen elementaren Vorgang, der zeigt, dass neben und mit der Zahl Überführungen zwischen diesen beiden Massen möglich sind. Es ist zu berücksichtigen, dass die Mehrzahl dieser Gleichungen aus diesen 5 Konstanten (c, h, y, m_{pr}, m_{pl}) bestehen. Die gesamte Herleitung zeigt, dass mit den gezeigten Kräften und Längen zwischen dem Proton und dem Kleinteilchen die Planckmasse definiert werden kann. Die für diese Herleitung verwendeten Längen finden sich unter der Zeile l_6 bei den jeweiligen Teilchen und entsprechenden Tabellen 6 und 7. Hier ist zu berücksichtigen, dass das Verhältnis $10^{+82}m / 10^{+4}m = 10^{+78}$ ist, welches der Anzahl der Protonen im Universum entspricht.

Das Problem ist im „Einzelfall" die Gleichheit von Träge und der Schwere. Aus den Tabellenwerten ist nur eine Masse mit gleichen Größen für die Träge und der Schwere herauszulesen. Das Proton (m_{t1}; m_{s3}) und das Kleinteilchen. Allerdings wird für die Träge beim Proton die Protonenwellenlänge mit 10^{-15} m verwendet, und für die notwendige Gleichheit der Schwere aus dem Kleinteilchen ergibt sich die Universumlänge$_{pr}$ $10^{+24}m$, nämlich die Wellenlänge des Kleinteilchen, was zu $a_s = l_{wlklt}/t^2$ führt. Dies ist als ruhende Betrachtung sehr außergewöhnlich, kann allerdings in einem späteren Schritt, wenn alle Parameter im ruhenden System erarbeitet wurden, gezeigt werden denn dann können diese beiden Längen ineinander überführt werden und die grundlegenden Zahlen bilden.

Das Verhältnis der beiden Längen ($10^{-15}/10^{24}$; $10^{-15}/10^{-54}$; $10^{-35}/10^{+4}$ etc.) beträgt

 73) 10^{-40} bzw. invers 10^{+39}.

Wir kommen noch mal zurück. Wir haben ein Proton und ein Kleinteilchen und zwar jedes Proton und jedes Kleinteilchen im Universum, welches man in verschiedenen Zuständen untersuchen kann.

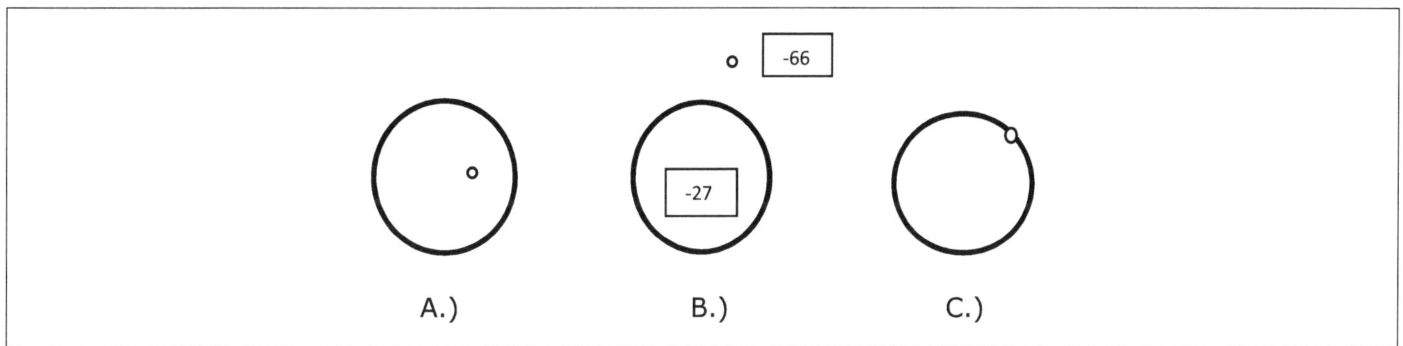

Bild 8: Kleinteilchen und Proton

Die Darstellungen aus Bild 8 A.)-C.) zeigen das Proton mit dem Kleinteilchen. Das Bild definiert zunächst das Proton mit seinem Kleinteilchen als absolutes autarkes Versuchs- und Beschreibungsmodell. Das Proton ruht ohne einen irgendwie gearteten äußeren Einfluss. Die oben gezeigten Längen transformieren das Proton in die entsprechenden Größen. Die Zustandsmöglichkeiten Bild 8 A.)–C.) bleiben gleich. Das Proton ist stabil und besteht aus 10^{39} Kleinteilchen ($m_{kl} = m^3_{pr}y/hc$). Die Wechselwirkungen zwischen anderen Teilchen und einem möglichen Zerfall sind elementar mit den Zahlen $10^{39}/10^{78}/10^{117}$ verbunden. Dirac und Eddington wurden in den dreißiger Jahren verspottet, als sie eine ähnliche Zahl (10^{-40}) in die Diskussion brachten. Sie gingen allerdings von einem Universum aus, welches sich ausdehnt und damit auch der Universum Durchmesser. Die gezeigte Darlegung geht aber von einer konstanten Länge aus, die sich anhand von a_s und c^2, mit $l = c^2/a_s$ ergibt und diese konstanten Größen allen 10^{78} Protonen bzw. allen 10^{117} Kleinteilchen zuzuordnen ist bei einer Beschreibung der Ruhe und der Symmetrie z.B. mit $10^{117} * 10^{24}m = 10^{141}m$.

Zu Bild 8 A.)
Hier ist das Kleinteilchen als Bestandteil des Proton dargestellt. Damit wäre das Kleinteilchen Bestandteil der inneren Kraft und eine Unterscheidung zwischen Schwere und Träge des Proton wäre nicht gegeben. Damit wäre die Schwere und Träge im Gesamtzusammenhang des Proton gleich. Für das Kleinteilchen könnte jedoch keine diesbezügliche Aussage getroffen werden. Für das Proton könnte damit kein Äußeres , also etwas durch das Proton selber, gebildet werden, außer die Schwere die vom Protonenrand ins Zentrum wirkt. Deshalb ist diese Möglichkeit eingeschränkt hinsichtlich einer vollständigen Beschreibung der Träge und Schwere von Proton und Kleinteilchen.

Zu Bild 8 B.)
Ist das Kleinteilchen außerhalb des Proton, so ist ein Unterschied zwischen der Träge und Schwere klar zwischen den beiden Massen Proton und Kleinteilchen, nachzuvollziehen. Die Gleichheit zwischen Träge und Schwere ergibt sich dann, wenn, wie gezeigt in der Summation der Kleinteilchen durch die Zahl (z.B. 10^{-40}; 10^{+39}) Verhältnisse durch Dimensionsbetrachtungen geschaffen werden; z.B. 10^{117} „V"; (10^{-66}kg); 10^{78} „A" (10^{-27} kg, 10^{-47}kg); 10^{39} „L" (10^{12}kg). Der Zahlausgleich (10^{-40}) findet statt durch das Längenverhältnis (l, $10^{-15}m/10^{24}m$), durch das Zeitverhältnis (t, $10^{-24}s/10^{+15}s$) und durch das Massenverhältnis (m, $10^{-27}kg/10^{12}kg$). Von Bedeutung ist die jeweilige Größe. Einerseits bezogen auf das Proton selbst mit $10^{-15}m$ und andererseits seine entsprechende Länge mit z.B. $10^{24}m$. Da die Träge und Schwere gleich ist, muss es entweder wie gezeigt, zu zahlenmäßigen Ausgleichen kommen, *oder aber es muss beim Messvorgang oder in der Natur selbst eine Gleichheit zwischen a_s und a_t vorhanden sein oder die Gleichheit$_{S,T}$ bezieht sich wie gezeigt auf das Kleinteilchen.* Die starke Kraft und die Gravitationskraft kann sehr gut abgebildet werden (s. Tabelle 6,7; F_t und F_s). Dagegen wird mit der Beschleunigung a_{st} eine bekannte Kraft mit dem Proton nicht abgebildet, dagegen aber mit der Planckmasse.

Zu Bild 8 C.)
Liegt das Kleinteilchen direkt zwischen dem Innen und dem Außen des Proton auf seiner „Schale". So ist, wie gezeigt, die Trägebeschleunigung des Kleinteilchen exakt so groß, wie die Schwerebeschleunigung des Proton. Das zu untersuchende Teilchen wäre ein „Zwitter", wenn man die Begriffe Träge und Schwere beibehalten will. Einerseits ist es zur Hälfte das Schwerefeldteilchen des Proton und andererseits ist es zur Hälfte das träge Teilchen des Kleinteilchen selbst. Also der innere Zustand des Kleinteilchen entspricht dem zugehörigen Schwerefeldteilchen des Proton.

Danach können wir setzen $a_s = a_t$.

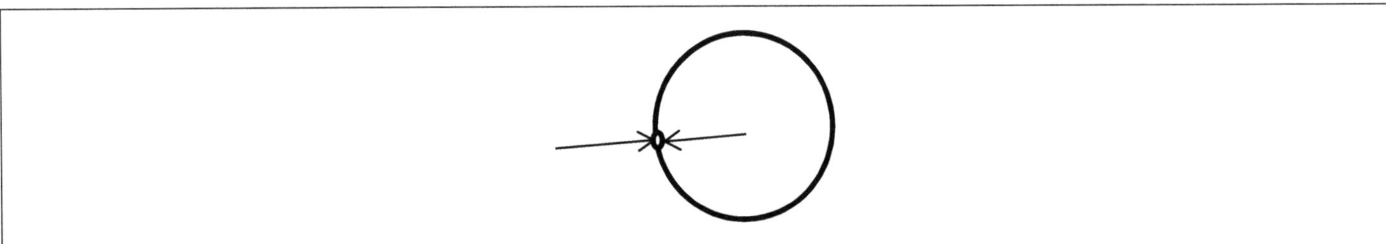

Bild 9: Kleinteilchen auf Protonenhülle

Und bestimmen mit entsprechender Aufteilung

74) $\quad a_{s,t} = m_{pr}c^3/h * (m_{pr}^2 y/hc)^{1/2}$

75) $\quad a_{st} = (m_{pr}^4 y c^5/h^3)^{0,5} = 2{,}08522 * 10^{12}$ m/s²

für die Trägebeschleunigung des Kleinteilchen.

Entsprechendes gilt für die Schwerebeschleunigung des Proton

76) $\quad a_{s,t} = y m_{pr}^3 c^2/h^2 * (hc/m_{pr}^2 y)^{1/2} =$

77) $\quad a_{s,t} = (m_{pr}^4 y c^5/h^3)^{1/2} = 2{,}08522 * 10^{12}$ m/s²

Die m-Verhältnisse ergeben $(10^{+12}/10^{+31}) = 10^{-20}$ und $(10^{-8}/10^{+12}) = 10^{-20}$.

Auf der Protonenschale befinden sich 10^{39} Kleinteilchen, einerseits mit einer Volumenlänge $10^{39} * 10^{-15}m = 10^{24}m$ und andererseits eine Wellenlänge von $10^{39} * 10^{24}m = 10^{63}m$. Die 10^{39} Kleinteilchen befinden sich auf der Kugeloberfläche als Grenze zwischen Innen und Außen des Proton. Durch die Gleichheit der Beschleunigungen $a_{s,t}$ befinden wir uns im Bereich der Gleichung 17). Aufgrund dessen ergibt sich:

78) $F = m_{pl} * a_{s,t}$

79) $E = F * l_{wlpr}$; Stl_{klt}

80) $m_{pr} = E/c^2 = 1{,}672621898\,(21) * 10^{-27}$ kg

Es ist abzuleiten, dass die Planckmasse aus $10^{58} * 10^{-66}$ Kleinteilchen besteht. Durch die Planckmasse und die gezeigte Beschleunigung ergibt sich eine Energie durch die Protonenwellenlänge bzw. die Kleinteilchenstrukturlänge, die dann zur Protonenmasse führt. Eine Herleitung der Protonenmasse über die Planckmasse zeigt, dass die <u>Planckmasse</u> Grundlage für jede andere Masse sein muss, was durch die Zahlen Z_n gesteuert werden. Das Problem hierbei ist, dass man die Planckmasse nicht definieren bzw., ähnlich wie das Proton, empirisch nachweisen kann bzw. konnte. Die Planckmasse wird neben der Plancklänge und der Planckzeit, von bekannten Physikern als „Einheiten Gottes" betrachtet. Es zeigt sich dabei, dass diese Physiker, wie Pythagoras, in den Bereich der Esoterik gleiten, wenn Sie nicht die Planckmasse empirisch bestimmen können.

Die Arbeit zeigt weiterhin, dass sich die Gleichheit der Schwere und der Träge des Proton, anhand zunächst zweier Möglichkeiten darstellen lässt. Einerseits einem Massenausgleich über die „Zahl" ($10^{-40}/10^{39}$ etc.), über die jeweiligen statischen Verhältnisse der kleinen und großen Größen der Länge, der Fläche, des Volumen, der Zahl und der Masse und andererseits über die gezeigte gleiche Beschleunigung a_{st} bzw. die Gleichheit zwischen träger Beschleunigung des Kleinteilchen und der Schwerefeldbeschleunigung des Proton.

Eine dritte Möglichkeit eröffnet sich über die vermeintlich einfache „mathematische" Formel $x = (1/N{-}1){-}(1/N)$. Zunächst wird in Tabelle 12, gezeigt, wie die Planckmasse mit entsprechenden Zahlen weitere Massenkonstanten bildet, da sie über die Zahlen mit den Konstanten y, c, h, m_{pr}, m_{pl} hergeleitet wurden.

Tabelle 12	Planckmasse als Zahl 1			
A	B	C	D	E
	M; 1/Z	Planckmasse	M; Z	
	4,12E-03	5,45E-08	7,21E-13	
5,71E+09	7,5E+04	1	1,32E-05	1,75E-10
	3,12E+02	5,45E-08	9,55E-18	
3,26E+19	5,71E+09	1	1,75E-10	3,06E-20
	1,77E+12	5,45E-08	1,67E-27	
1,06E+39	3,26E+19	1	3,06E-20	9,39E-40
	1,01E+22	5,45E-08	2,92E-37	
3,47E+58	1,86E+29	1	5,36E-30	2,88E-59
	5,80E+31	5,45E-08	5,12E-47	
1,13E+78	1,06E+39	1	9,399E-40	8,834E-79
	1,89E+51	5,45E-08	1,57E-66	
1,20E+117	3,47E+58	1	2,88E-59	8,30E-118
	6,17E+70	5,45E-08	4,81E-86	
1,28E+156	1,13E+78	1	8,83E-79	7,80E-157
	6,57E+109	5,45E-08	4,53E-125	
1,45E+234	1,20E+117	1	8,30E-118	6,89E-235

Jede dieser Zahlen und Massen hat seine „Bedeutung", z.B. 10^{+234}: In jedem Protonenwürfel im Volumen$_{72}$ ist die Zahl 10^{117} verankert. Diese setzt sich zusammen aus den 10^{+39} Zahlen aus den Verhältnissen von Länge, Masse und Zeit des Protons. Auch kann man über die Informationstheorie diese Zahl ableiten, wenn man die Wellenlänge des Universum 10^{-93} m mit dem Universum Durchmesser 10^{24}m kombiniert als Flächenbezug $(10^{24})^2/(10^{-93})^2 = 10^{+234}$. Die Zahl 10^{-20} bildet in der Tabelle 12, eine bedeutende Rolle, da Sie über die beiden Konstanten $m_{pr}/m_{pl} = 10^{-20}$ und der mathematisch-physikalischen Formel hergeleitet werden kann. Diese Möglichkeit wäre im Grunde ausreichend, jedoch ist 10^{-20} dann nur bei Massenverhältnissen gültig. Da jedoch auch die Struktur des Raumes eine Rolle spielt wurde die einfachste Beziehung zwischen einem Grundton und dem letzten Oberton verwendet, um die Zahl 10^{-20} in der Tabelle 12 wie oben zu bestimmen. Damit ist zu den Konstanten y, c, h, m_{pr}, m_{pl} auch eine strukturelle Größe $x = 1/N{-}2{-}\,1/N$ gegeben, um über $m_{N/x} = m^{N/x}\,y\,/hc$ diese Zahlbezüge $Z = m_N/m_x$ herzuleiten. Die geringsten Differenzen in den Nachkommastellen bei den Exponenten 39, 78, 117 sind dem Verfasser noch nicht erklärlich. Dies wird im Abschnitt Urton gezeigt.

Nachstehende Massenformeln ergänzen den bisherigen Kanon der aufgezeigten Möglichkeit über die Schwere und die Träge, um sie als gleich anzusehen, nicht nur im empirischen Nachweis (Eötvös) oder im Aufzuggedankenmodell (Einstein), sondern auch, wie hier gezeigt im theoretischen Nachweis. Die ersten beiden Gleichungen 81 und 82 sind die wohl bedeutendsten Energiegleichungen (Masse z.T.). Allerdings bilden sie bis jetzt nur 5% (Metalle 0,03%, Sterne 0,5%, H_2+H_e Gas 3,5% und Neutrinos 1%) der notwendigen

Energie-Masse des Universum ab. Die Gleichung $m = ia$ könnte, wenn ein empirischer Nachweis über die Kleinteilchensumme gelingt, den Rest dieser Universummasse als dunkle Materie erklären. Deshalb sind die aus ihr abgeleiteten oder Verwandten Gleichungen dargestellt.

81) $m_1 = E/c^2$ $\qquad$ $E = mc^2$ $\qquad\qquad$ Masse

82) $m_2 = hv/c^2$ $\qquad$ $E = hv$ $\qquad\qquad$ Frequenz

83) $m_3 = ia_{1,2,3}$ $\qquad$ $m = ha_{1,2,3}/c^3$ $\qquad$ „Beschleunigung"

84) $a_1 = mc^3/h$ $\qquad\qquad\qquad\qquad\qquad$ T = Träge

85) $a_2 = ym^3c^2/h^2$ $\qquad\qquad\qquad\qquad$ S = Schwere

86) $a_3 = (ym^4c^5/h^3)^{1/2}$ $\qquad\qquad\quad$ TS = Träge/Schwere

87) $m_4 = ia_1 = m$

88) $m_5 = ia_2 = ym^3/hc$

89) $m_6 = ia_3 = i\,(ym^4c^5/h^3)^{1/2}$

90) $m_7 = ia_3 = (hc/y)^{1/2}$ $\qquad\qquad$ Ergebnis = Planckmasse

91) $x = (1/(N-2)) - 1/N$ $\qquad\quad$ Oberton N = Struktur/Teiler

92) $m_8 = (m^N y/hc)^{1/(N-2)}$ $\qquad$ Struktur/Teiler/Grundton

93) $m_9 = (m^x y/hc)^{1/(x-2)}$ $\qquad$ Letzter Oberton

94) $m_{10} = V^2/t^3 * c^2/y^2 h$ $\qquad$ Raumteilchen $(10^{-90}/10^{+45}) * 10^{72}) = 10^{-66}$kg

95) $m_{11} = (h^4y^2t^3/c^5V^3)^{1/2}$ $\qquad$ 94) 6 Dim. 95) 9 Dim.; $t = 10^{15}$s; $l = 10^{-11}$m

Mit Gleichung 94.) ergeben sich mit den gewählten Längen- und Zeitgrößen folgende Massen (s. Gleichung 100 + 101)

96) $m = V^2/t^3 \; c^2/y^2 h$

97) $t_1 = 4{,}68945\text{E}+15$ s

98) $t_2 = 4{,}40775\text{E}-24$ s

99) $l_{dB} = 1{,}32141\text{E}-15$ m

100) $m_1 = 1{,}57214\text{E}-66$ kg $\qquad\qquad$ mit t_1 und l_{dB}

101) $m_2 = 1{,}89325\text{E}+51$kg $\qquad\qquad$ mit t_2 und l_{dB}

Mit den ermittelten Massen und den Zeiten ergeben sich zugehörige Längen.

102) $l = (mt^3 hy^2/c^2)^{1/6}$

103) $4{,}22203\text{E}-09$ m $\qquad\qquad$ mit Proton und t_1

104) $1{,}2944\text{E}-28$ m $\qquad\qquad$ mit Proton und t_2

105) $1{,}32141\text{E}-15$ m $\qquad\qquad$ mit $m = 10^{-66}$ und t_1

106) $4{,}05121\text{E}-35$ m $\qquad\qquad$ mit $m = 10^{-66}$ und t_2

107) $4{,}31\text{E}+04$ m $\qquad\qquad$ mit $m = 10^{+51}$ und t_1

108) $1{,}32141\text{E}-15$ m $\qquad\qquad$ mit $m = 10^{+51}$ und t_2

Die Ergebnisse der Längen ergeben sich aus den einzelnen Massen und den zugehörigen Zeiten. Die Zahldarstellungen werden als Kontrolle verwendet, da sich eine reine Formelimagination schwierig darstellen lässt. Formel 94) bezieht sich auf die Volumen V1 und V2 mit $V1 = iyct$ und V2 auf myt^2. Formel 95) wird erweitert durch das Volumen der Wellenlängen, dann als V^3.

Wenn es im ruhenden Zustand des Proton gelingt, sämtliche wesentliche noch fehlenden Parameter weiter einzuarbeiten, wie z.B. den Spin und die Ladung etc., dann kann man das Proton in ein Schwerefeld, bestehend aus den Kleinteilchen (dunkle Energie), stellen und diese symmetrisch-statische Vorgabe mit einer anderen Beschleunigungsgröße in einen Bewegungsraum und ein entsprechendes Kleinteilchen-Volumen überführen.

Dabei sind folgende Zahlen und Größen als Exponenten Darstellung von Bedeutung

Tabelle 13	Planckmasse (Verhältnisse und Zahl als Exponent)		
Zahl	**Verh L**	**Verh. T**	**Verh. M**
10^{-20}	$10^{+4}/10^{24}$	$10^{-4}/10^{15}$	$10^{-8}/10^{12}$
10^{-40}	$10^{-15}/10^{24}$	$10^{-24}/10^{15}$	$10^{-8}/10^{31}$
10^{-60}	$10^{-35}/10^{24}$	$10^{-43}/10^{15}$	$10^{-8}/10^{51}$

Tabelle 14	Protonenmasse (Verhältnisse und Zahl als Exponent)		
Zahl	**Verh. L**	**Verh. T**	**Verh. M**
10^{-40}	$10^{-15}/10^{24}$	$10^{-24}/10^{15}$	$10^{-27}/10^{12}$
10^{-80}	$10^{-93}/10^{-15}$	$10^{-101}/10^{-24}$	$10^{-27}/10^{51}$
10^{-120}	$10^{-93}/10^{24}$	$10^{-101}/10^{15}$	$10^{-66}/10^{51}$

So wie die gezeigten Protonen- und Planckzahlen in einer späteren Darlegung noch vertieft werden können, so werden die gezeigten Kräfte von einer zur anderen mittels den „Zahlen" überführt. Diese Kräfte basieren ausschließlich auf dem Proton bzw. der Planckmasse. Die Frage nach Ergebnissen zum Elektron und Proton bei einer elektromagnetischen Wechselwirkung, kann beantwortet werden, durch die Gleichung, die ich in meinen bisherigen Schriften [y1-4] dargelegt habe, denn dadurch ist eine Überführung vom Elektron zum Proton und umgekehrt massenmäßig möglich.

Die Herkunft des Elektron vermute ich aus einem Zusammenstoß zwischen einem „Protonenuniversum" und einem „Elektronenuniversum".

$$109)\quad m_{proton} = \sqrt[4,66905]{\frac{h\, c^{0,33452}\, m_e^4}{y^{0,33452}}}$$

Nach meiner Kenntnis ist die Physikerebene auf der Suche nach der Verbindung (Verhältnis 1836) zwischen dem Elektron und dem Proton. Mit der zugehörigen Herleitung [y1-4] für die oben genannte Formel ist eine solche Verbindung bzw. Überleitung (1836) formell gesichert.

Die Planckmasse ist Referenzmasse zu anderen Massen. In der zweitletzten Zeile und der dritten Spalte und zweitletzten Zeile der Tabelle 15 ist die Masse zu finden, die die Ausgangsmasse (10^{109}kg) für den Urton ist. Diese basiert auch auf m = $(10^{31})^3$y/hc.

Tabelle 15	Tabelle Träge und Schwere mit der Planck- masse (als Exponent)						
-8	-8	-8	Masse	Bezug	10^{-40}	Bezug 10^{51}	
1	1	1	Zahl gleich				
-17	-8	2	Masse				
-10	1	10	Zahl	$-40^{1/4}$	$39^{1/4}$	41	61
-27	-8	12	Masse				
-20	1	19	Zahl	$-40^{1/2}$	$39^{1/2}$	31	70
-37	-8	21	Masse				
-30	1	29	Zahl	$-40^{3/4}$	$39^{3/4}$	21	81
-47	-8	31	Masse				
-40	1	39	Zahl	-40	39	12	90
-57	-8	41	Masse				
-50	1	49	Zahl	$-40^{\,1.25}$	$39^{\,1.25}$	1	100
-66	-8	51	Masse				
-60	1	59	Zahl	$-40^{\,1,5}$	$39^{1,5}$	-8	110
-86	-8	70	Masse				
-79	1	78	Zahl	$-40^{\,2}$	$39^{\,2}$	-27	128
-125	-8	109	Masse				
-118	1	117	Zahl	$-40^{\,3}$	$39^{\,3}$	-66	167
$10^{-15})^{1/2} \approx 10^{-8}$ Planckmasse als Referenzgröße)							

Tabelle 16	$m = V^2/t^3 * c^2/hy^2$; 6 Dimensionen (vereinfacht V1 * V2)						
V_1	V_2	t_1	t_2	$t_{1/2}$	V^2/t^3	c^2/hy^2	Massen
2,3E-45	2,8E+72	4,69E+15	1,00E+55	1,00E+55	1,4E-98	3,05E+70	4,163447E-28
2,5E-06	1E-189	4,14E-63	4,50E-11	4,41E-24	3,0E-99	3,05E+70	9,097840E-29
2,8E+72	1,9E-162	1,63E+74	3,89E-102	4,69E+15	1,8E-78	3,05E+70	5,455700E-08
2,2E-84	4,3E-16	4,41E-24	1,63E+74	4,23E-50	3,1E-101	3,05E+70	9,357409E-31
1,9E-162	2,3E-45	3,89E-102	4,69E+15	4,69E+15	5,2E-137	3,05E+70	1,572144E-66
8,0E+13	1,6E-279	4,14E-63	3,89E-102	4,69E+15	1,7E-117	3,05E+70	5,127965E-47
2,0E-123	1,24E-54	4,23E-50	1,63E+74	4,14E-63	8,9E-140	3,05E+70	2,703934E-69
1,9E-162	2,8E+72	2,52E-14	2,52E-14	1,00E+55	8,4E-118	3,05E+70	2,558425E-47
8,0E+13	4,3E-16	4,69E+15	4,23E-50	5,65E+132	3,1E-101	3,05E+70	9,357409E-31
1,9E-162	2,2E-84	4,14E-63	4,14E-63	4,69E+15	5,2E-137	3,05E+70	1,572144E-66
2,0E-123	1,2E-74	4,32E-37	2,52E-14	4,50E-11	5,2E-137	3,05E+70	1,572144E-66
1,2E+248	2,0E-123	5,65E+132	1,63E+74	4,69E+15	5,5E-98	3,05E+70	1,672622E-27
1,6E-279	8,0E+13	3,89E-102	2,52E-14	2,52E-14	5,2E-137	3,05E+70	1,572144E-66
1,00E+189	1,6E-279	1,00E+55	4,41E-24	4,69E+15	7,7E-138	3,05E+70	2,344093E-67
2,0E-123	2,0E-123	4,23E-50	4,23E-50	4,23E-50	5,5E-98	3,05E+70	1,672622E-27
2,3E-45	2,3E-45	4,41E-24	4,41E-24	4,41E-24	6,2E-20	3,05E+70	1,893253E+51
2,2E-84	2,2E-84	4,32E-37	4,32E-37	4,32E-37	5,8E-59	3,05E+70	1,779521E+12
2,5E-06	2,5E-06	4,69E+15	4,69E+15	1,00E+55	2,7E-98	3,05E+70	8,344982E-28
2,5E-06	2,5E-06	1,44E-04	1,63E+74	4,69E+15	5,5E-98	3,05E+70	1,672622E-27
8,0E+13	2,5E-06	7,72E-34	7,72E-34	4,32E-37	5,1E-95	3,05E+70	1,5E-24

Tabelle 17	9 Längen geordnet mit Zahlen und des $V^3 = (h4y^2t^3/c5mpr^2)$, 9 Dimensionen, Siehe Nr. 10+ 11 Näherung zum Atomdurchmesser, mit vollem rechtem Term $V^3 = (iyct * myt^2 * h^3/m^3c^3)$									
Nr.	Länge	I	V	T	Z	1/Z	Z_{-20}	Z_{-40}	Z_{-80}	I^2	L
1	h/mc	1,24E-54	1,9E-162	4,14E-63	9,80E-14	1,02E+13	3,07E-20	9,4E-40	8,8E-79	1,64E-69	4,05E-35
2	$(h^4/m^5yc^2)^{1/3}$	1,27E-41	2,0E-123	4,23E-50	3,13E-07	3,20E+06	3,07E-20	9,4E-40		1,64E-69	4,05E-35
3	h^2/ym^3	4,05E-35	6,65E-104	1,35E-43	3,13E-07	3,20E+06	3,07E-20				
4	$(h^2y/c^4m)^{1/3}$	1,29E-28	2,2E-84	4,32E-37	5,59E-04	1,79E+03	3,07E-20			1,75E-30	1,32E-15
5	my/c^2	2,31E-25	1,2E-74	7,72E-34	1,75E-10	5,71E+09					
6	$(h^3/m^4cy)^{1/2}$	1,32E-15	2,3E-45	4,41E-24	9,80E-14	1,02E+13				1,75E-30	1,32E-15
7	$(hy^2m/c^5)^{1/3}$	1,35E-02	2,5E-06	4,50E-11	3,13E-07	3,20E+06				1,75E-30	1,32E-15
8	$(h^3y/m^2c^5)^{1/4}$	4,31E+04	8,0E+13	1,44E-04	3,07E-20	3,26E+19					
9	h^2/ym^3	1,41E+24	2,8E+72	4,69E+15							
10	(V^3) I =	$(h^4y^2t_{pr}{}^3/c^5m_{pr}{}^2)^{\wedge}0,1111 =$	2,867E-11	m							
11	(V^3) I =	$(h^4y^2t_{hubble}{}^3/c^5m_{pr}{}^2)^{\wedge}0,1111 =$	1,278E-10	m							

Die Tabelle 17 definiert die 9 Längen entsprechend ihren Größen. In den bisherigen Tabellendarstellungen war der Ausgang, die Protonenwellenlänge. Die direkten Verhältnisse (Z) führen zur größten Zahl mit $5,59 * 10^{-4}$ und zur kürzesten in der Spalte Z mit $3,07 * 10^{-20}$. Diese Zahl muss sehr bedeutend in der Natur sein, da Sie sich nicht nur aus den Verhältnissen der Nr.8 und 9, sondern auch aus m_{pr}/m_{pl} und aus der zugehörigen vorgestellten Formel mit N/X ergibt. Wie schon dargestellt beruhen die Volumina in den Tabellen 16 und 17 auf den zuerst entdeckten Volumen $V_1 = iyct$ und $V_2 = myt^2$, die schon erläutert wurden. In Tabelle 17, findet sich unter Nr.10 + 11 das Volumen, welches auf allen 9 Längen und mit $V1 * V2 * I_{dB}{}^3$ bestimmt wurde. Mit der Protonenmasse und der zugehörigen Zeit $t = 10^{15}s$ ergibt sich eine Länge, welche man „näherungsweise" dem Wasserstoffatom zuordnen kann. Dieses Maß in Nr.10 10^{-11} m gründet auf der Schwerefeldbeschleunigung des Proton. Dagegen findet man in Nr. 11 die Länge 10^{-10} m, welche sich aus der Hubble-Beschleunigung ergibt. Beide Längen Nr. 10 und 11 in der Tabelle 17 befinden sich in der Größenordnung eines Atoms.

Tabelle 18 — Die Massen 10^{-27}kg, 10^{-66}kg, 10^{+51}kg mit ihren elementaren Längen

1,673E-27		L	Kleinteilteilchen -66		L	1,893E+51		I
1	h/mc	1,321E-15	1	h/mc	1,41E+24	1	h/mc	1,167E-93
2	$(h^4/m^5yc^2)^{1/3}$	1,35E-02	2	$(h4/m5yc^2)^{1/3}$	63	2	$(h4/m5yc^2)^{1/3}$	+132
3	h^2/ym^3	1,4058628E+24	3	h^2/ym^3	2E+141	3	h^2/ym^3	9,6942E-211
4	$(h^2y/c^4m)^{1/3}$	1,29448E-28	4	$(h^2y/c4m)^{1/3}$	1,3215E-15	4	$(h^2y/c4m)^{1/3}$	1,24218E-54
5	my/c^2	1,2420301E-54	5	my/c^2	1,17E-93	5	my/c^2	1,40586E+24
6	$(h^3/m^4cy)^{1/2}$	4,31E+04	6	$(h^3/m4cy)^{1/2}$	4,8787E+82	6	$(h^3/m4cy)^{1/2}$	3,36E-152
7	$(hy^2m/c^5)^{1/3}$	1,26806E-41	7	$(hy^2m/c5)^{1/3}$	1,2422E-54	7	$(hy^2m/c5)^{1/3}$	1,32146E-15
8	$(h^3y/m^2c^5)^{1/4}$	2,31372E-25	8	$(h^3y/m^2c5)^{1/4}$	7,5468E-06	8	$(h^3y/m^2c5)^{1/4}$	2,17473E-64

Die Längenergebnisse aufgrund der Massen des Proton, des zugehörigen Kleinteil ($m = 10^{-66}$kg) und der gedehnten Masse 10^{51}kg zeiegen sich in der Tabelle 18. Es sind jeweils gleiche Längen bei den einzelnen Massen zu erkennen. Ein Zirkelschluss wäre dann gegeben, wenn es sich nicht um eine symmetrische Abhandlung handeln würde. Im Kleinteilchen$_{(-66)}$ ergibt sich die Wellenlänge $_{(24)}$, die wiederum korrespondiert mit ($10^{141} = 10^{117} * 10^{24}$) was einen Raumbezug$_{117}$ darstellt. Dagegen stellt die Länge ($10^{63} = 10^{39} * 10^{24}$) einen Längenbezug$_{39}$ dar, bezogen auf das gedehnte Protonenvolumen.

Ein direkter Vergleich zwischen dem Proton und dem Kleinteilchen in den Tabellen 19 und 20

Tabelle 19 — Proton im direkten Vergleich zum Kleinteilchen

Nr.	Länge	L	V 1	t1
1	h/mc	1,32E-15	2,3E-45	4,41E-24
2	$(h^4/m^5yc^2)^{1/3}$	1,35E-02	2,5E-06	4,50E-11
3	h^2/ym^3	1,41E+24	2,8E+72	4,69E+15
4	$(h^2y/c^4m)^{1/3}$	1,29E-28	2,2E-84	4,32E-37
5	my/c^2	1,24E-54	1,9E-162	4,14E-63
6	$(h^3/m^4cy)^{1/2}$	4,31E+04	8,0E+13	1,44E-04
7	$(hy^2m/c^5)^{1/3}$	1,27E-41	2,0E-123	4,23E-50
8	$(h^3y/m^2c^5)^{1/4}$	2,31E-25	1,2E-74	7,72E-34

Tabelle 20 — Kleinteil 10-66kg im direkten Vergleich zum Proton s.o.

Nr.	Länge	L	V 2	t2
1	h/mc	1,41E+24	2,8E+72	4,69E+15
2	$(h^4/m^5yc^2)^{1/3}$	63	189	1,00E+55
3	h^2/ym^3	1,69E+141	423	5,65E+132
4	$(h^2y/c^4m)^{1/3}$	1,32E-15	2,3E-45	4,41E-24
5	my/c^2	1,17E-93	1,6E-279	3,89E-102
6	$(h^3/m^4cy)^{1/2}$	4,88E+82	1,2E+248	1,63E+74
7	$(hy^2m/c^5)^{1/3}$	1,24E-54	1,9E-162	4,14E-63
8	$(h^3y/m^2c^5)^{1/4}$	7,55E-06	4,3E-16	2,52E-14

Die beiden Teilchen im direkten Längen- Volumen und Zeitvergleich anhand der gemittelten Trägebeschleunigung des Kleinteilchen bzw. der Schwerebeschleunigung des Proton.

110) $m = i\,(ym^4c^5/h^3)^{1/2}$ mit a_{st}

111) $m^2 = h^2/c^6\;ym^4c^5/h^3$

112) $m^2 = ym^4/hc$

113) $m^2 = hc/y$

die quadrierte Planckmasse, bzw. Massenprodukte $m_{xz}^2 \geq m_{pl}^2$ (z.B. $10^{-27} * 10^{12}$)

Mit

114) $h = m_{pr}c * l_{db}$

115) $E = m_{pr}c * l_{db} * f_{23}$

116) $m = mc * l_{db} * f/\,c^2$

117) $m = 10^{-27}$kg

Mit

118) $h = m_{pr}c * l_{+24}$

119) $E = m_{pr}c * l_{+24} * f_{23}$

120) $m = m_{pr}c * l_{+24} * f / c^2$

121) $m = 10^{12}$ kg

Eines der grundlegenden Massenpaare $(10^{-27}; 10^{12})$ können auch über die Frequenz bestimmt werden.

Die Zahlen sind enthalten in $(10^{-27}, 10^{-66}$ oder $10^{51})$ und eröffnen die Bestimmung der elementaren physikalischen Konstanten c, h, y über die physikalischen Größen a_s, l_{24}, t_{15}, m_{51}, m_{-66}, h, y, c. Dies ist seltsam, denn die Konstanten gelten ja für das ganze Universum, somit auch für die bisherige Darlegung, die sich ausschließlich auf das Proton bezieht (s.Feynman). Da die Konstanten nicht nur im allgemeinen Universum gelten, sondern nachweislich auch in dieser Darlegung, ist eine Verbindung zwischen dem Allgemeinen und dem Protonenuniversum gegeben.

Es ist jetzt zu berücksichtigen, dass sich die Größen aus dem bisher zugrundeliegenden „Protonen- Universum" abgeleitet haben und nicht aus dem „Hubble-Universum". Würden die Konstanten ausschließlich für das Hubble-Universum gelten, könnten wir die Konstanten nicht ableiten, da wir nicht die Daten des Hubbleuniversum kennen bzw. nur beschränkt $(10^{26}m, 10^{17}s, 10^{78}m^3)$. Unser Untersuchungsgegenstand war das gedehnte und das komprimierte Proton, welches zu gewissen, bisher nicht gekannten Größen führte. Wären diese Größen falsch, wären auch die Ergebnisse für die Konstanten falsch. Da aber die Ergebnisse eine sehr große Übereinstimmung mit den Naturkonstanten y,c,h besitzen, müssen auch die ermittelten Protonengrößen (z.B. 10^{-66}kg, 10^{24}m) eine entsprechend Genauigkeit besitzen.

Tabelle 21	Aus den Größen m,l,t ergeben sich die Konstanten y, c, h		
a_s	6,39291E-08	h	6,62607E-34
l_{24}	1,40586E+24	y	6,67384E-11
t_{15}	4,68945E+15	c	299792458
m_{51}	1,89325E+51	m_{-66}	1,57214E-66

122) $h = m_{-66} * (l_{24})^2 / t_{15}$ kgm^2/s

123) $y = (l_{24})^3 / ((m_{51} * t_{15})^2)$ $(m_{24})^3 / kg_{51} (s_{15})^2$

124) $c = l_{24} / t_{15}$ m/s

Die elementaren Konstanten können über die grundlegenden Größen s.o. hergeleitet werden. Einen Nachweis über die Größen kann nur gelingen, wenn man ein statisches und symmetrisches Universum voraussetzt, sonst würden sich ja alle Konstanten mit t entsprechend ändern. Die größere Änderung von y ist der Wechselwirkung von a_s und a_{Hubble} geschuldet. Wichtig ist, dass sich alle Daten über das Proton ableiten lassen und in die Konstanten münden, welche auch im zur Zeit bewegten System Geltung finden. Differenzen können dann z.B. mit l_{26} (Hubbleuniversum) hergeleitet werden. Die gesamte Darlegung steht mit den Konstanten in Verbindung, die wiederum weitläufig mit der bewegten Materie in Verbindung stehen soll. Wenn jedoch die Konstanten mit der Raumdichte des fast Nichts (s. Urton) korreliert, dann wäre die Ruhe des Proton, konsequenter Weise die Grundlage der Konstanten wie gezeigt (s. Gleichungen 122-124)

Grundkräfte

- **Starke Kraft (mit Proton)**
  Newton Axiom

125) F_{stark} $= m_{pr}\, a_t$

  $= m_{pr} * m_{pr}c^3/h$

  $= 1{,}11376 * 10^5$ N

  Relative Stärke $_{(RS)} = 1$

Die starke Kraft des Proton ergibt sich aus der Protonenmasse multipliziert mit der trägen Beschleunigung des Proton.

- **Starke Kraft (mit Planckmasse)**
  Newton Axiom

126) F_{stark} $= m_{pl} * a_{S,T}$

  $= (hc/y)^{1/2} * (m_{pr}^4 yc^5/h^3)^{1/2}$

  $= 1{,}11376 * 10^5$ N

  Relative Stärke $_{(RS)} = 1$

Die starke Kraft ergibt sich aus der Planckmasse multipliziert mit der gemittelten Träge- und Schwerebeschleunigung des Proton. Beide Kräfte ergeben sich aus dem Newtonaxiom $F = ma$.

- **Elektromagnetische Kraft**
  Aus Newton Axiom

127) $F_{elektro}$ $= ym_1 m_2/\ r^2$

  $= y\, m_{pr}\, m_{-68}/(y\, m_{pr}/c^2)^2$

  m_{-68} $= 3{,}17 * 10^{-28} kg * y/\ (hc$

  m_{-28} $= (m_{pr}^{56}\, y/hc)^{1/(56-2)}$

  $F_{el\,56}$ $= 7{,}72396 * 10^2$ N

  F_{el57} $= 8{,}45782 * 10^2$ N (Rechnung wie 56)

Relative Stärke

$= 7{,}434 * 10^{-3}$	134,51	(Exponent 57) =
$6{,}7895 * 10^{-3}$	147,29	(Exponent 56)

Der Ansatz $F = ym_1 m_2/r^2$ geht ebenso auf Newton zurück, wobei die eine Masse ein Proton ist und die andere ein Kleinteilchen darstellt, welches sich aus einem Quark ergibt. Die Ermittlung für m_{-28} muss in einem zweiten Durchgang mit dem Exponenten 57 durchgeführt werden.

- **Schwache Kraft**
  Newton Axiom

128) F_{schw} $= m_{pr} * ((h^4/m_{pr}^5 yc^2)^{1/3}\ /\ ((h^4/m_{pr}^5 yc^2)^{1/3}/c)^2)$

  $= 1{,}114332 * 10^{-8}$ N

Relative Stärke
 $9{,}795 * 10^{-14}$ N

Der Ansatz gründet auf $F = ma$ wobei die Protonenmasse eindeutig ablesbar ist. Der zweite und dritte Term bezieht sich auf die Volumenlänge des Proton (Siehe Tabelle 19, Nr.2).

- **Gravitationskraft**
  Newton Axiom

129) F_{Grav} $= m_{pr} * a_s$

  $F_{Grav} = m_{pr} * ym_{pr}^3 c^2/h^2$

  $= 1{,}06929 * 10^{-34}$ N

Relative Stärke
 $9{,}399 * 10^{-40}$

Alle vier Kraftgleichungen können auf Newton zurückgeführt werden unter Mithilfe der De-Broglie Beziehung und deren Erweiterungen (Volumen- Strukturlänge). Weiterhin ist zu beachten, dass sich alle Kräfte auf das Proton beziehen und auf die gezeigten Konstanten gründen unter Berücksichtigung des Kleinteilchen.

Die Grundgleichung zur elektromagnetischen Kraft mit m_{-28} lautet $m = (m^N y/hc)^{1/(N-2)}$. Eingangs haben wir die Begriffe wie träge Masse, Beschleunigung, schwere Masse und Intensität des Schwerefeldes angeführt. Die Arbeit zeigt, dass sich im Wesen der Masse keine Schwere oder Träge ergibt, ebenso im Hinblick auf die Intensität des Schwerefeldes. Am besten ablesbar bezogen auf das Proton mit a_s und das Kleinteilchen mit a_t. Es zeigt sich, dass mit den Begriffen der Masse und Beschleunigung ein ausreichendes Bild geschaffen werden kann, wobei die genannten Begriffe eine Vorstellungshilfe sein können bzw. sind.

Es ist festzuhalten, dass sich zu jeder Grundmasse eine Teilchenmasse z.B. $m_{kl} = m^3_{gr}y/hc$ bzw. $m = ia$ bestimmen lassen kann. Dies gilt jedoch nicht für die Planckmasse. Was aber gelten muss, ist, dass man aus jeder Masse eine Grundmasse und eine Kleinteilchenmasse bzw. eine Summe von Kleinteilchenmassen bilden kann. So dass die Planckmasse autark ist. Jedes Massenindividium besteht aus einem kleinen und großen Massensatellit. Bezieht man die Gegebenheiten bei der gezeigten Plancklänge und den 8 weiteren Längen ein, so wird bei einem größer oder kleiner der beiden grundlegenden Größen der Raum und die Masse vereinnahmt.

Die definierten Kleinteilchen mit 10^{-66} kg können auch als schwerste <u>Raumteilchen</u> angesehen werden, so dass ein Übergang zwischen Raum und Materie als wahrscheinlich erscheint. Vergleiche die Massenquantisierungsformel in der die Materie und Volumen aufgelöst wird. Die dunkle Materie $_{10-66\ kg}$, vermute ich, tritt nur mit der Beschleunigung über $m = ia$ $_{(i = h/c^3)}$ in Wechselwirkung. Die zur Problematik der schweren und trägen Masse aufgeführte Darlegung ist kein Gedankenmodell oder eine empirische Bestimmung, sondern eine Theorie, die letztendlich auf „Zahlen" und den elementaren Konstanten gründet. Die Darlegung zu den Grundkräften anhand des Proton zeigt, dass man die Kräfte ineinander überführen kann.

Die sich aus der Massenquantisierungsformel $m = (m^N y/hc)^{1/N-2}$ ergebenden Quarkmassen mit den Exponenten 56 und 57 (s. Elektromagnetische Kraft) werden in den nachfolgenden Tabellen gezeigt. Vorwiegend zur Darstellung der elektromagnetischen Kraft sind Näherungsmassen, die bei Erhöhung von N zu den Grenzmassen von Protonenmasse und zur Planckmasse führen. Die Näherungsmassen ergeben in den gezeigten Grundkräften „annähernd" die elegtromagnetische Kraft. Annähernd deshalb, weil vom Verfasser auf eine ganze Zahl Wert gelegt wurde. Die elementare Zahl Z_{-20} dient zur Überführung von einer Massenreihe zur anderen.

Tabelle 24		Exponent N = 56		
Massenquantisierungsformel		$m = (m_1{}^{\wedge}n(x) * y/(h*c)) {}^{\wedge} (1/(n(x)-2))$		
1,67262	-27,00	1,6E-27		Grundmasse M_1
56	0,01851			N (Eingabe)
1,670703947	-27,72222	3,16E-28	Kg	Quark

Tabelle 23		Exponent x = 0,000324675		
Massenquantisierungsformel		$m = (m_1{}^{\wedge}n(x) * y/(h*c)) {}^{\wedge} (1/(n(x)-2))$		
1,6726217	-27,00	1,67E-27		Grundmasse M1
0,0003246	-0,500081			X = 1/N-1 - 1/N
1,7252523	-7,496833	5,49E-08	Kg	Gegen mPlanck

Tabelle 24		Exponent N = 57		
Massenquantisierungsformel		$m = (m1{}^{\wedge}n(x) * y/(h*c))^{\wedge}(1/(n(x)-2))$		
1,672621	-27,00	1,67E-27		Grundmasse M1 (Eingabe)
57	0,0181818			N (Eingabe) nach Wahl
1,670738	-27,709090	3,26E-28	Kg	Quark

Tabelle 25		Exponent x = 0,000313283		
Massenquantisierungsformel		$m = (m_1{}^{\wedge}n(x) * y/(h*c)) {}^{\wedge} (1/(n(x)-2))$		
Mplanck	5,455E-08	C		299792458
1,672621	-27,00	1,67E-27		Grundmasse M1
0,000313	-0,50007			X = 1/N-1 - 1/N
1,725252	-7,4969	5,494-08	Kg	Massenquant

Je höher der Exponent der Massenquantisierungsformel je größer ist die Näherung zum Ausgang der Protonenmasse über die Quarkmasse beim Exponent N. Beim Exponent x führt die Näherung zur Planckmasse.

Tabelle 26	N = 123			
Massenquantisierungsformel		$m = (m_1{}^{\wedge}n(x) * y/(h*c)) {}^{\wedge} (1/(n(x)-2))$		
1,672	-27,00	1,67E-27		Grundmasse M1
123	0,0082			N (Eingabe)
1,671	-27,3223	7,95E-28	kg	Massenquant

Tabelle 27	x = 6,664E-05			
1,672	-27,00	1,672E-27		Grundmasse M1
6,664E-05	-0,5000			X = 1/N-1 - 1/N
1,725	-7,499	5,463E-08	kg	Massenquant

Je höher N je näher zum Proton über das Quark und zur Planckmasse. Je kleiner der Exponent so führt die Massenquantisierungsformel bei N zur Planckmasse und bei x zur Protonenmasse über die Quark- bzw. Kleinteilchenmassen. Siehe auch nachfolgende Tabellen und Formel.

Tabelle 28	Exponent N = 0,00321			
Massenquantisierungsformel		$m = (m_1\text{^}n(x) * y/(h * c))\ \text{^}\ (1/(n(x)-2))$		
1,672	-27,00	1,672E-27		Grundmasse M1
0,00321	-0,5008			N (Eingabe)
1,725	-7,468	5,864-08	kg	Massenquant
Tabelle 29	Exponent x = 312,529			
Massenquantisierungsformel		$m = (m_1\text{^}n(x) * y/(h * c))\ \text{^}\ (1/(n(x)-2))$		
1,672621777	-27,00	1,672E-27		Grundmasse M1
-312,52970	-0,00317			X = 1/N-1 - 1/N
1,6729512	-26,876	2,225E-27	kg	Massenquant

Die Kräfte anhand der Newton Formel $F = y m_1 m_2/r^2$ mit den hergeleiteten Längen y_{1-4}.

Tabelle 30	4 Kräfte		
Mplanck	5,455699E-08	C	299792458
5,459	-8	2,99792458	8
Y	6,6738400E-11	H	6,62607E-34
6,67	-11	6,62606957	-34,00
Mpr	1,672621E-27	Mkl	1,57214E-66
1,6726	-27,00	1,572144052	-66
Nr.	Länge	L	V
1	h/mc	1,32141E-15	2,30735E-45
2	$(h^4/m^5yc^2)^{1/3}$	0,013489816	2,45481E-06
3	h^2/ym^3	1,4058E+24	2,77862E+72
4	$(h^2y/c^4m)^{1/3}$	1,29448E-28	2,1692E-84
5	my/c^2	1,242030E-54	1,9160E-162
6	$(h^3/m^4cy)^{1/2}$	43101,28782	8,0070E+13
7	$(hy^2m/c^5)^{1/3}$	1,26806E-41	2,0390E-123
8	$(h^3y/m^2c^5)^{1/4}$	2,31372E-25	1,2386E-74
1	2	3	4
Kraft	Absolut	Relativ	$y\ m_1\ m_2\ /\ r^2$ Expo.
F_1	1,11423E-08	9,7943E-14	-27,-27,-11, +56 (-28²)
F_2	1,0692917E-34	9,39928E-40	-27,-66-11, 70 (-35²)
F_3	3,588464E+03	3,1543E-02	-11 -66-29-54²
F_4	1,137631E+05	1,000E+00	-27,-66,-11,108 (-54²)

Vakuumenergiedichte

In der wissenschaftlichen Literatur stößt man im Zusammenhang mit dem Vakuum auf den Faktor 10^{120}. Dieser wird angegeben im Zusammenhang mit dem Casimireffekt, der Nullpunktsenergie, der Planckdichte u.a.. Ich beschränke mich auf Aussagen zum Casimir- Effekt und zur Planckdichte.

Die Formel zum Casimireffekt lautet.

130) $F(r)/A = \pi^2 ch/240 r^4$ (Wikipedia)

Die konstanten Zahlenwerte und 240 spielen bei der Größenordnung von 120 eine untergeordnete Rolle, weshalb sie bei der weiteren Betrachtung nicht berücksichtigt werden. Die Größe Kraft pro Fläche kann auch als Energiedichte angeschrieben geschrieben werden.

131) $\rho = ch/r^4$

Die Planckdichte ergibt sich aus

132) $p = c^5/hy^2$

und ist durch die elementaren Konstanten eine feste Größe.

Der Casimireffekt unterliegt der Variablen r. Durch das Experiment mit 2 Glasplatten ergeben sich zwei Flächen mit der Kantenlänge r (r^4). Es stellt sich die Frage, für welche Größen dieses Experiment gelten soll. Die Plancklänge, die Protonenwellenlänge oder eine Länge nahe am Universumdurchmesser. Durch den Faktor r^4 ist klar ersichtlich, dass die Kraft/Fläche oder die Energiedichte größer wird um so kleiner r wird und umgekehrt. Setzen wir eine Länge nahe der Universumlänge ein, so erhalten wir eine sehr kleine Größe. Setzen wir die Plancklänge ein, eine Große. Dies wiederspricht aber der allgemeinen Anschauung, denn groß ergibt Groß und umgekehrt.

Für die Planckenergiedichte ergibt sich aus der Casimirgleichung

133) $\rho = ch/((hy/c^3)^{1/2})^4$

134) $\rho = c^7/hy^2$

Der Zahlenwert dieser Größe beträgt

135) $7{,}3745 * 10^{+112}\,J/m^3$

Vergleicht man Formel 136 und 138, so unterscheiden sie sich nur in dem Term c^2, was den Wechsel zwischen Energie und Materie festschreibt nach $E = mc^2$. Deshalb beschränke ich mich vorerst auf die genannten konstanten Gleichungen.

Die Kosmologen definieren eine Universummasse und ein Volumen von rd. $10^{51}kg - 10^{53}kg$ bzw. $10^{72}m^3$ - $10^{78}m^3$. Verwendet man diese Größen, so ist die Frage, welche gelten. Die neuesten Hubble- Berechnungen führten zu anderen Ergebnissen als die vorhergehenden. So sind dann in der Regel instabile Kennwerte zu verwenden, die eine letztendliche Gültigkeit nicht gewährleisten. Ich verwende deshalb Größen, die ich in meinen allgemein zugänglichen Büchern vorgestellt habe. Die beiden Größen, m_{pu} und V_{pu} kann man anhand der konstanten Schwerefeldbeschleunigung des Proton ableiten.

136) $m_{pu} = c^4/ya_s$

Der Wert beträgt

137) $1{,}893 * 10^{51}\,kg$

Für das Volumen ergibt sich

138) $V_{pu} = c^6/a^3{}_s$

Der Wert beträgt

139) $2{,}778 * 10^{72}\,m^3$

Diese beiden Größen basieren auf dem Proton als physikalische Einheit. Bei den folgenden drei Größen handelt es sich um –Zahlen-.

140) $Z_1 = m^2y/hc$

Der Wert beträgt

141) $9{,}39928 * 10^{-40}$

Invers

142) $1{,}06391 * 10^{39}$

143) $Z_2 = (m^2y/hc)^2$

Der Wert beträgt

144) $8,83465 * 10^{-79}$

Invers

145) $1.13191 * 10^{78}$

146) $Z_3 = (m^2y/hc)^3$

Der Wert beträgt

147) $8,3039 * 10^{-118}$

   Invers

148) $1,2042 * 10^{117}$

Diese Zahlen sind für das Proton und die aus ihm generierte Masse und dem Volumen fundamental. Da sich die Betrachtung auf das Proton bezieht, bestimmen wir die Wellenlänge nach de Broglie.

149) $l_{db} = h/mc$

Der Wert beträgt

150) $1,321 * 10^{-15}$ m

V_{WLP} Wellenlängenvolumen Proton

Der Wert beträgt

151) $2,307 * 10^{-45}$ m³

Wir haben nun zwei Volumengrößen, die sich aus dem Proton ableiten lassen. Wenn wir Sie ins Verhältnis $(10^{-45}/10^{+72})$ setzen, so erhalten wir.

152) $V_{pu}/ V_{WLP} = 1,2042 * 10^{117}$

So erhalten wir die inverse Zahlengröße aus Gleichung 147. Dies erscheint plausibel. Ist es aber nicht, denn die Gleichungen (141, 142, 144, 145, 147, 148) basieren ausschließlich auf Konstanten als festem Wert und die Gleichung 152 mit dem Gleichen Zahlenwert zeigt diesen durch ein Verhältnis.

Es ist nun offensichtlich, dass es 10^{117} Protonenwürfel im gezeigten „Protonenuniversum$_{72}$" gibt. Wenn sich nun anhand zweier physikalischer Volumengrößen eine Proportion, eine Harmonie ergibt, die gleich einer universellen Zahl ist, die sich auf das Proton bezieht, so ist doch die Frage, ob es weitere solcher Proportionen gibt (z.B. $10^{78} * 10^{-27} = 10^{51}$ oder $10^{12} * 10^{39} = 10^{51}$).

Zum Zahlenwert der Gleichung 135 mit $7,3745 * 10^{112}$ J/m³. Die Gesamtenergie des Universum$_P$ beträgt $1,893 * 10^{51}$ kg $* c^2 = 1,702 * 10^{68}$ J. Setzen wir diesen Wert ins Verhältnis mit dem Volumen$_{72}$, so erhalten wir $\rho = 6,124 * 10^{-5}$ J/m³. Der Verhältniswert der beiden Energiedichten $(10^{+112}/10^{-5})$ ergibt wieder den Wert von

153) Verhältnis $_{\rho/\rho} = 1,2042 * 10^{117}$

Wenn nun die gezeigte Zahl 153) eine elementare Bedeutung haben soll, dann muss das Verhältnis Gesamtjoule zur Zahl ebenfalls ein elementares Ergebnis zeigen

154) Verhältnis (Joule/ Zahl) $1,702 * 10^{68}$ J$/1,2042 * 10^{117} = 1,413 * 10^{-49}$ J

Energie ist formlos und ich kann sie mir schlecht vorstellen. Deshalb wird sie in Masse umgerechnet. Die gezeigte Energie als Masse hat den Wert von $1,572 * 10^{-66}$ kg. Dieses Kleinteilchen habe ich in meiner Schrift die Imaginationskonstante i mit der konstanten Protonenschwerebeschleunigung und den beiden Konstanten h und c bereits und auch zuvor hergeleitet. ($m = ia$; $i = h/c^3$). Eingangs haben wir bestimmt, dass die Ableitungen aus den Protonengrößen fundamental sind. Das Kleinteilchen befindet sich bei einer gleichmäßigen Verteilung im Universum in jedem Protonenvolumenwürfel.

155) $1,2042 * 10^{117} * 1,572 * 10^{-66}$ kg $= 1,893 * 10^{51}$ kg

Zurück zum Casimireffekt $\rho = hc/l^4$. Wie oben schon erwähnt, sind bei kleinen Längen (L_{pl}) hohe Dichten und bei großen Längen (l_u) kleine Dichten zu erwarten bzw. vorbestimmt. Setzen wir in die Casimir Gleichung für l^4 (l).

156) $l = 1,406 * 10^{24}$ m

157) $l^4 = 3,906 * 10^{96}$ m⁴

158) $\rho = 5,08516 * 10^{-122}$ J/m³

Bestimmen wir die Teiljoule $(10^{-122} * 10^{72})$ mit dem Universumvolumen$_P$, so erhalten wir die gleiche Größe wie in Gleichung 154). Damit ist das Kleinteilchen auf verschiedenen Wegen $_{y\,1-4}$ hergeleitet. Man muss berücksichtigen, dass es bei $p = hc/l_{24}^4$ für l, „zwei" Längen für l_{24} ergeben kann, die eine bezieht sich auf das Proton und die andere auf das Kleinteilchen.

Der Zahlenwert der Planckmassendichte lautet

159) $\rho = 8{,}20533 * 10^{95}$ kg/m³   mit h (Ruhe)

Ermitteln wir die Dichte aus den Gleichungen ($10^{51}/10^{72}$) so erhalten wir

160) $\rho = 6{,}814 * 10^{-22}$ kg/m³

und eine daraus sich ergebende Verhältniszahl 159)/(160)

von

161) Verhältnis $_{\rho/\rho} = 1{,}2042 * 10^{117}$

In Gleichung 135 wurde die Energiedichte mit der Plancklänge bestimmt, die zur Planckdichte führt. Gleichung 160) definiert die herrschende Dichte über die Gleichungen (10^{51}kg/10^{72}m³). Wenn man nun die Casimir-Gleichung verwendet, um diese Dichte zu ermitteln, dann muss man das Protonenwürfelvolumen (10^{-45}m³, l^3) mit der Universumlänge $l = 10^{+24}$m als $l^3 * l = l^4$ in die Gleichung einsetzen.

Um dies zu verdeutlichen, finden wir in der Tabelle 31, die Werte der Energiedichte über die Plancklänge hoch 4 (D1) und andererseits ergibt sich eine Dichte über die Universumlänge l_{24} hoch 4 (D2). Dies muss man sich rational vergegenwärtigen. Der Zwischenraum zweier Glasplatten mit einer Kantenlänge von 10^{-35}m soll eine Energiedichte besitzen von 10^{+112} J/m³. Andererseits ergibt sich eine Energiedichte von 10^{-122}J/m³, wenn die Glasplatten eine Größe des Universumdurchmesser annehmen mit l^{+24}m. Um dies zu verstehen und was die Natur des Universum damit bezweckt, sei ein nicht ganz passender Vergleich, aber eingängig für das Problem, dargestellt. Jimi Hendrix spielte oft als Revolutionär in den höchsten Tönen am „Ende des Griffbretts". Wes Montgomery und Freddy Green dagegen in der Mitte „des Griffbretts". Wenn wir uns die beiden Energiedichten als Verhältnis vorstellen, so erhalten wir eine sehr große Zahl, nämlich 10^{234}. Die bislang größte gefundene Zahl nach meiner Kenntnis, welche sich auf Größen des physikalischen Schrifttum bezieht. Andererseits ist es jedoch möglich, diese Zahl zu zerlegen in $10^{117} * 10^{117}$. Wir haben den Universum-"Würfel" mit 10^{72}m³ strukturiert mit der Protonenwellenlänge und erhalten die Zahl 10^{117}. Die Multiplikation mit sich selber ergibt 10^{234}. Die Formel hc/l^4 mit Anwendung der Plancklänge „könnte" aber auch an den vorausgesagten Beginn des Universum deuten. Allerdings ist kein zeitlicher Bezug in der Formel gegeben.

Tabelle 31	Energiedichte	
J Dichte 1	7,3746E+112	J/m³
J Dichte 2	5,085E-122	J/m³
Z D1/D2	1,450E+234	(Z1 ³)²
Z D2/D1	6,896E-235	(Z2 ³)²
Z ^0,5	1,204E+117	Z1 ³
Z ^0,5	8,304E-118	Z2 ³
Z^0,5) ^0,33	1,064E+39	Z1
Z^0,5) ^0,33	9,399E-40	Z2

Dies bedeutet, dass in jedem Protonenwürfel eine solche Zahl angesiedelt ist. 10^{117} kann aber wiederum durch 10^{39} ^{3} (10^{-40})^3 dargestellt werden. Diese Zahl 10^{-40} ist im Zurückliegenden schon mehrmals dargestellt worden. Da wir nur das ruhende, das absolut supersymmetrische „Protonenuniversum" abbilden wollen, sei hier nur ein Ausblick auf spätere Arbeiten angezeigt.

Das Proton muss in sich, „Messinstrumente" für die Längen (10^{-15}m; 10^{+24}m); die Zeit (10^{-24}s; 10^{+15}s;) und die Masse besitzen (10^{-27}kg; 10^{12}kg) besitzen. Das heißt, das Proton muss in sich sein gesamt-mögliches Universum (10^{72}m³) abbilden und mit diesem kommunizieren mit l, t, m, anhand der grundlegenden Konstanten y, h, c, m_{pl} und seiner eigenen Konstanten m_{pr}.

l, t, m jeweils im Verhältnis			
l klein	1,321E-15	1,064E+39	Z_1
l groß	1,406E+24	9,399E-40	Z_2
t klein	4,408E-24	1,064E+39	Z_1
t groß	4,689E+15	9,399E-40	Z_2
m klein	1,673E-27	1,06391E+39	Z_1
m groß	1,77952E+12	9,39928E-40	Z_2

Die Energiedichte von $5,08*10^{-122}$ J/m³ ergänzt durch das Universumvolumen ergibt die Kleinteilchenenergie. (10^{-122}J/m³$*10^{72}$m³$=10^{-50}$J) Ebenso, wenn man die Planckdichte mit dem der Volumengröße des Schwarzschildradius des Proton ergänzt (10^{112}J/m³$*10^{-162}$m³). Beide Produkte ergeben das Kleinteilchen mit der Masse von 10^{-66}kg.

Tabelle 33	Kleinteil im Zusammenhang		
P	**V**	**J**	**M**
5,08E-122	2,77E+72	1,41E-49	1,57E-66
7,37E+112	1,91E-162	1,41E-49	1,57E-66
H	1/t	J	M
6,62E-34	2,13E-16	1,41E-49	1,57E-66

Die zwei großen und kleinen Dichtegrößen führen zu einem Kleinteilchen. Mit einer der elementarsten Energiegleichungen E = hv ergibt sich ein solches Kleinteilchen ebenso, wenn wir uns das Universum als großes Rad vorstellen, welches sich in 13,7 Milliarden Jahren einmal dreht. Die diesbezügliche Frequenz können wir in Tabelle 33 unter 1/t ablesen. Dann erhalten wir ein Kleinteilchen. Wir erhalten ein Kleinteilchen, wenn wir $m=m^3y/hc$ anschreiben oder die Schwerefeldbeschleunigung dann folgt mit der grundlegenden Konstanten $i=h/c^3$; $m=ia_s$, also ebenfalls ein Kleinteilchen. Als variable Formel erhalten wir mit $m=V/yt^2$ ebenfalls ein Kleinteilchen. Somit können wir grundlegend sagen, dass die Welt aus Kleinteilchen besteht, nach den Formelbeziehungen bestehen muss, deren Summe ein Teilchen ergibt. Die Größenbildungen sind vergleichbar den Obertönen beim musikalischen Grundton. Das Kleinteilchen ergibt sich mit $m=ia$ und das zugehörige Grundteilchen mit

162) $m_{grund}=(m_{kl}*hc/y)^{1/3}$

Im Universum wird es, wie in der Arbeit angenommen, kein ruhendes Proton geben. Deshalb sind die elementaren Größen für das Proton wichtig, um sich selbst im bewegten Raum zu definieren. Dies gelingt mit den sich „bewegenden" Größen und den sich daraus dargestellten Zahlen. Ob Jimi, Wes oder Freddy wussten, dass sie eigentlich nach Zahlen spielten, sei dahingestellt. Mit dieser Arbeit ist nicht nur eine Ergänzung zur Träge und Schwere über die Zahl gegeben, sondern eine mit der Zahl selbst.

Die Zahlen in den Paragrafen 141-142); 144-145); 147-148) haben für die fundamentale Betrachtung des ruhenden Gesamtuniversum, eine grundlegende Bedeutung. Sie fußen auf der Vorstellung, dass das Universum in sich zuerst ruhen muss, um die diesbezüglichen Parameter zu erforschen. Erst wenn alles ruhend als „Proton", im Sinne von Feynman, erkannt ist, kann man sich daran machen, das Bewegte mit einfließen zu lassen. Sämtliche physikalische Größen finden ihre verhältnismäßige Grenze in diesen Zahlen, wenn das Proton, wie hier in dieser Betrachtung gezeigt, der Urgrund, die Urgrundmasse zur Urgrundzahl ist. Eigenartigerweise kann man die Konstanten wie gezeigt wird, aus den „ruhenden" Größen des Proton ableiten.

Ein Weg vom Ruhenden zum Bewegten ist durch die Transformation von a_s zu a_{hubble} mit gegeben.

Unschärferelation

Man kann auch anstatt des Impulses $\rho = mc$ (v) folgendes anschreiben $\rho = ia * c$ (v). Daraus ergeben sich einige Varianten.

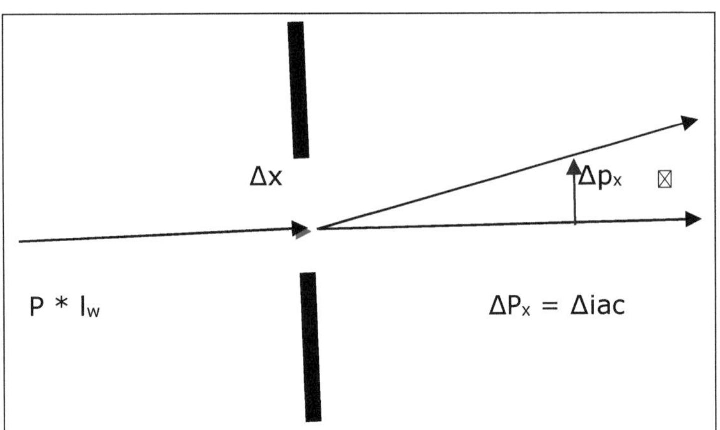

Bild 10: Unschärferelation als Variante

Die Heisenberg`sche Unschärferelation ist ein Grundpfeiler der Quantenmechanik. Sie basiert auf dem Impuls (p), der zugehörigen Wellenlänge (l$_w$), der Spaltbreite (Δx), dem Ablenkungswinkel (ȧ) und dem Ablenkungsimpuls in Richtung x (Δp$_x$).

Vor dem Spalt ist der Impuls p eindeutig festgelegt. Hinter dem Spalt hat der Impuls eine zusätzliche Komponente in x-Richtung. Dadurch entsteht die zusätzliche Komponente Δp$_x$. Diese Komponente kann man als p = mc oder p = h/l oder aber als p = iac annehmen, denn jegliche Ablenkung unterliegt auch einer Beschleunigung (Ablenkung).

Hier handelt es sich um eine Abschätzung in einfacher Form.

163) l = Δx   Spaltbreite

164) sin ȧ = lw/Δx   Ablenkungswinkel (Längenbezug)

165) lw = h/p   Wellenlänge des zugeordneten Teilchen

166) sin ȧ = h/Δx p   Ablenkungswinkel (Wirkung, Längen, Impulsbezug)

167) sin ȧ = Δpx/p   Ablenkungswinkel Δ Impuls/Impuls

168) lw/Δx = Δpx/p   mit 167)

169) h = Δx Δpx   Nach Rechnung

170) h ≤ Δx Δp$_x$ Übliche Darstellung Produkt muss größer oder gleich h sein

Alternativ ab 169)

Die übliche Betrachtung der Unschärferelation führt über den Impuls und den Ort des zugehörigen Teilchens, wobei allerdings Δx die Spaltenbreite der Blende angibt und erst mit h/l$_w$ = p die Wellenlänge des Teilchens berücksichtigt wird. Damit muss nach herkömmlicher Betrachtung Δx/ l$_w$ ≤ 1. Wäre das Teilchen genau so groß wie die Wellenlänge dann wäre die Regel h ≤ Δx Δp$_x$ sinnvoll, denn jedes Teilchen, welches größer ist als die Wellenlänge, würde nicht durch den Spalt «passen».

Um darzustellen, ob es kleinere Teilchen als die Wellenlänge des Ursprungteilchen gibt, verwenden wir für den Ablenkungsimpuls eine Formel, die auf eine Beschleunigung a = m/i gründet, wobei i = h/c³ ein Konstante ist, mit der sich über die Beschleunigung Klein- und Kleinstteilchen ergeben.

171) sin ȧ = Δ iac/p

Die Größe m = ia bezieht sich auf Schriften des Verfassers [y1-4]. Für i = h/c³ als Konstante ergibt sich mit jeglicher Beschleunigungsgröße eine Kleinteilchenmasse. Die Konstante ist so klein, dass sich mit herkömmlichen Beschleunigungen nur sehr kleine Teilchen ergeben. Diese Teilchen könnten ein Kandidat für die dunkle Materie sein.

172) lw/Δx = Δ iac / p

173) Für h ≈ lw * p

174) h ≈ Δ iac * Δx

Aus der Ursprungsform $h \approx \Delta p \, \Delta q$ von Heisenberg ist zu erkennen, dass $\Delta x = \Delta q$ ist und Δp sich während des Teilchendurchganges durch den Spalt in verschiedenen Ausprägungen („Welle") ergeben muss.

Für $i = h/c^3$ in Gl.174

175) $h \approx (\Delta ha_{t,s}/c^2) * \Delta x$

Für a_t gilt die Trägheitsbeschleunigung mc^3/h aus der de Broglie- Wellenbeziehung eingesetzt in l/t^2, also wie schon gezeigt $a_t = mc^3/h$.

176) $h \approx \Delta mc * \Delta x$

177) $h \approx \Delta p \, \Delta x$

Für die Träge- Normalbeschleunigung ergibt sich das gleiche Ergebnis wie bei der herkömmlichen Herleitung der Unschärferelation, mit der de Broglie- Wellenlänge des Proton. Die weiteren berücksichtigten Längen finden sich in Tabelle 36, und deren Wirkungen in Tabelle 37. Für die Planckgrößen kann es jedoch kein Δp und Δx geben, da die Planckgrößen logischerweise unveränderlich sind.

178) $a_s = ym^3c^2/h^2$

Aus Gleichung 175.) ergibt sich für die Schwerefeldbeschleunigung aus Gleichung 178) aus der de Broglie- Wellenbeziehung eingesetzt in Gm/r^2 folgender Ansatz.

179) $h = \Delta h \, ym^3c^2 \, \Delta x/ \, h^2c2$ vergl. $h = h \, al/c^2$

180) $h = \Delta ym^3 \Delta x/ \, h$

181) $h = +- (\Delta ym^3 \, \Delta x)^{1/2}$

Ergebnisse mit Exponent aus 181)

Planckmasse $(10^{-11}10^{-24}10^{-35})^{1/2} = +- (10^{-34})$

Protonenmasse $(10^{-11}10^{-81}10^{-15})^{1/2} = +- (10^{-54})$

Der mit a_{st} geführte Durchgang führt zu $h_{Planck} = 10^{-70}$ bzw. $h_{Proton} = 10^{-107}$.

In Gleichung 181.) zeigt sich eine Plus-/Negativ Wirkung mit gravitativer Ausrichtung. Da Δx die Spaltbreite ist, bezieht sich diese Wirkung ergänzend auf die Masse. Die Beschleunigung wird ersetzt durch die Gravitationskonstante in Kombination mit der Masse. Die beiden Terme Δym^3 und Δx sind nicht getrennt zu sehen, da sie mit dem mathematischen Wurzelzusammenhang eine Einheit bilden. Die sich bildende Unschärfe zeigt sich über die Plus-Minus Vorgabe.

In der Tabelle 36 ergeben sich Wirkungswerte h` die z.T. kleiner sind als h wie auch oben gezeigt. Da jedoch die Wellenlänge als zugehörige Größe für das Wirkungsquantum h mit h/l_w mit Δp und die Spaltbreite Δx für die elektromagnetische Welle gilt, können die gezeigten weiteren Längen nicht aus dem elektromagnetischen Spektrum stammen. Beispielhaft werden 2 Längen erläutert. Wenn wir dem Proton die Längen über die Formeln $(10^{+24}\text{-}10^{-54})$ zuordnen, so gehen wir von einer Gesamtzahl von Protonen in der Größenordnung von $(hc/m^2y)^2$ aus. Das Volumen des gedehnten Protonenvolumen ergibt eine Volumengröße von $(c^2/a_s)^3$. Danach erhalten wir $(c^4m^4y^2/a^3h^2)^{1/3}$ oder $(h^4/m^5yc^2)^{1/3}$ für $(10^{-2}m)$ für die gedehnte Einzelgröße des Protons. Bei dieser Länge handelt es sich um eine „Volumenlänge", da sie angibt, mit welcher gedehnten Protonengröße die Anzahl der Protonen im gedehnten Protonenvolumen $(c^2/a_s)^3$ Platz finden. Die Länge h^2/ym^3 (Tabelle 34 Nr.3) ist die größte Ausdehnung des Proton. Sie erstreckt sich fast über den gesamten Weltraum. Ist aber auf die Einzelgröße des Proton bezogen. In jedem de-Broglie-Wellenabschnitt dieser Länge $(10^{24}m)$ befindet sich ein Kleinteilchen mit der Masse 10^{-66} kg. Die Anzahl dieser Wellenabschnitte mit 10^{39} ergibt das Proton $(10^{39} * 10^{-66}\,kg = 10^{-27}kg)$, wenn es sich noch nicht zum Proton gebildet hat. Diese Kleinteilchen können einerseits die dunkle Materie bilden und andererseits aus dem Raum (V) selbst bestehen. Das Teilchen mit der Masse $m = 10^{-66}kg$ bildet die Grenze zwischen Raum (Volumen) und Materie.

In den bisherigen Schriften, des Verfassers wurden die nachfolgenden Längen in der Tabelle 34 aus den Konstanten y, c, h, m_{pr}, m_{pr} hergeleitet und werden als grundlegende Größen für die nachfolgende Betrachtung verwendet. Für die Massen m wird die Protonenmasse verwendet, aus der sich die genannten 8 Längen ergeben. Die Plancklänge ist bekannt und wird nicht speziell aufgeführt. Wird in allen Längenformeln die Planckmasse eingesetzt, so ergibt sich jeweils die Plancklänge.

Tabelle 34	Protonenlängen				
Nr.	Länge	L	Nr.	Länge	L
1	h/mc	1,32141E-15	5	my/c^2	1,24E-54
2	$(h^4/m^5yc^2)^{1/3}$	1,35E-02	6	$(h^3/m^4cy)^{1/2}$	4,31E+04
3	h^2/ym^3	1,41E+24	7	$(hy^2m/c^5)^{1/3}$	1,26806E-41
4	$(h^2y/c^4m)^{1/3}$	1,29E-28	8	$(h^3y/m^2c^5)^{1/4}$	2,31372E-25

Die Längen l der Tabelle 34 sind geometrische Längen. Darüber hinaus sind sie aber physikalische Längen, in denen Massen (Klein- Großteilchen) Massen enthalten sein können, die sich auf das Proton bzw. auf das zugehörige Kleinteilchen beziehen können. Ausgang für diese Längen ist die de Broglie- Welle-Teilchen- Beziehung, so dass man von einem erweiterten Welle-Teilchen Dualismus sprechen kann. Die Wellenlänge des Kleinteilchen (10^{24}m) ist zum Beispiel mit „einem" Kleinteilchen behaftet. Die Volumenlänge des Proton Tab. 34 Nr.3 ist dagegen mit $10^{39} * 10^{-66}$kg Kleinteilchen behaftet. Beide Längen haben die gleiche Ausdehnung mit l = 10^{24}m (x_2-x_1 = l).

Es wurde gezeigt, dass die Schwerefeldbeschleunigung und die Trägheitsbeschleunigung differieren. Verwendet man die grundlegenden Gleichungen für h` aus a_s und a_t, dann folgen daraus die Ergebnisse der Tabelle 35.

Tabelle 35	Wirkung kleiner h					
Wirkungsberechnung h` aus a_s und a mit Proton					**mit a_s**	**mit a_t**
Δx	h` = +-(Δym³ * Δx)$^{1/2}$	h` = Δmc * Δx	Z	Z	Z zu -34	Z zu -34
1,32E-15	2,03144E-53	6,626E-34	3,066E-20	3,262E+19	3,26E+19	1,00E+00
1,41E+24	6,62607E-34	7,050E+05	9,399E-40	1,064E+39	1,00E+00	9,40E-40
1,24E-54	6,22803E-73	6,228E-73	1,000E+00	1,000E+00	1,06E+39	1,06E+39
mit mpl + lpl	6,62607E-34	6,626E-34	1,000E+00	1,000E+00	1,00E+00	1,00E+00
1,35E-02	6,49065E-47	6,764E-21	9,595E-27	1,042E+26	1,02E+13	9,80E-14
2,31E-25	2,68807E-58	1,160E-43	2,317E-15	4,316E+14	2,46E+24	5,71E+09
1,27E-41	1,99931E-66	6,418E-60	3,115E-07	3,210E+06	3,31E+32	1,03E+26
4,31E+04	1,16019E-43	2,161E-14	5,368E-30	1,863E+29	5,71E+09	3,07E-20
1,29E-28	6,358E-60	6,491E-47	9,796E-14	1,021E+13	1,04E+26	1,02E+13

Es gibt Differenzen zur Planckwirkung (h). Bei insgesamt 4 Zeilen ergibt sich der Zahlenwert von h. Einmal aus der Formel der Trägheitsbeschleunigung, die zur Normalform (Teilchen) des Wirkungsquantum führt, und einmal aus der Gleichung der Schwerefeldbeschleunigung. Hier liegt aber die Länge (10^{+24}) zugrunde. Des Weiteren liegt in dieser Formel aber auch das Proton zugrunde. Allerdings besitzt das Proton die Wellenlänge (10^{-15}). Aufgrund dessen muss die Länge (10^{+24}) eine andere Länge sein als die Wellenlänge bezogen auf das Proton. Es wurde schon einleitend darauf hingewiesen, dass diese 8 Längen jeweils mit einer Masse (Klein- Großteilchen) „behaftet" sind. Bisher wurden eindeutige Längen nachgewiesen (10^{-41}m und 10^{-54}m) die meist kleiner sind als die Plancklänge so ist auch die Unschärfebeziehung darauf anzuwenden. Mit der Länge (10^{-54}) ergibt sich eine sehr kleine Größe des h`. Allerdings ist im Gegensatz zu den anderen h` eine Gleichheit aus a_s und a_t offensichtlich. Mit der Länge (10^{-54}) ergeben sich gleiche Wirkungen h` (10^{-73}) mit den beiden Wirkungsgleichungen. Die Länge (10^{-54}) stellt den theoretischen Schwarzschildradius des Proton dar.

Es gibt zum bedeutendsten Experiment in der Physik, dem Doppelspalt, sehr viele Deutungen. Da seien zwei grundlegende dargestellt. Das eine bezieht sich auf eine Computernachgestellte Simulation (Muthsam) der tatsächlichen Laborbefunde. In diesem Experiment kann man den Doppelspalt und seine Wirkungen mit allen notwendigen Einzelheiten überprüfen. Die andere Aussage ist die von P. Fynmann (auch S.Hawking), vorgestellte Viele–Welten Möglichkeit, in der er nachdrücklich darlegt, dass das Teilchen vom Sender an den Rand des Universum „fliegen" kann und dann erst auf dem Schirm landet, in dem dann Wellen abgebildet werden. Diese Welt müsste dann auch für ein Proton gelten. Wie stellt sich aber der Welle- Teilchen Dualismus ein.

In dem genannten Laborsystem kann man einstellen, dass beispielsweise alle 2 Minuten (1.Stufe) ein Proton durch einen der beiden Spalte fliegt. Nach rund 3 Stunden sind 90 Protonen auf dem Schirm abgebildet. Diese 90 Protonen bilden auf dem Schirm kein Muster, keine Ordnung ab. Sie sind in ihrer Lage auf dem Schirm unbestimmt. Erhöhen wir die Anzahl der Protonen auf rund 1000 pro Minute (2.Stufe), so befinden sich 180 000 Protonen auf dem Schirm. Jetzt ist es möglich, geringfügige Streifenordnungen zu erkennen. Klar erkennbar werden diese, wenn 100 000 Protonen pro Minute (3.Stufe) auf dem Schirm landen. Bleiben wir beim Teilchenbild, so sind die Teilchen in horizontaler und vertikaler Richtung auf dem Schirm unbestimmt bei der ersten Stufe verteilt. In der 2. Und 3. Stufe beginnen sich vertikale Streifen auf dem Schirm zu bilden. Warum? Erklärt wird dies im Schrifttum durch die Annahme von Welleneigenschaften (Interferenz) des Proton. Hier soll beim Teilchen-Protonenbild geblieben werden.

Mit den nachfolgenden i_{1-3} und a_t und a_s können grundlegende Teilchenbeziehungen ermittelt werden da mit $m_{kl} = m_{gr}³y/hc$ immer ein „großes" Teil (Proton) zugrunde liegt und sich ein zugehöriges „kleines" Teil ($\approx 10^{-66}$kg) ergibt, deren Kleinteilsumme immer das große Teil darstellt, ($m_{gr} = m_{gr}²y/hc * m_{kl}$) oder aber das große Teil mit $m_{gr} = (m_{kl}hc/y)^{1/3}$ bestimmt wird. Die Konstante i ist nachgewiesen in die Imaginationskonstante i mit m = ia $_{y1-4}$.

182) $i_1 = h/c^3$

183) $i_2 = m/a$

184) $i_3 = A/y$

185) $a_t = mc^3/h$

186) $a_s = ym^3c^2/h^2$

Wenn man Feynmans gewaltigen Gedanken aufgreift, dass das Proton bis an das Ende des Universum „fliegen" kann und wieder umkehrt und dann auf dem Schirm landet, so ist dies genau so merkwürdig, wie dass die gesamte Universummasse in einem Planckvolumen Platz finden soll oder aber im Kosmoswellenlängevolumen. Denkt man aber, dass nur ein Teil des Protons an das Ende fliegt, so wäre dies so denkbar.

Wenn die Teilchengeschwindigkeit vor dem Spalt, absolut bestimmt ist, dann ist sein Teilchenort völlig unbestimmt. Es ist die Frage, ob das Teilchen als Einzelmasse unbestimmt ist, also sie könnte in Elementen hier oder da sein, also das Teilchen wäre in kleineren Massen vorhanden. Als Einzelgröße wäre das Proton über die definierte Länge 10^{24}m oder über den Raum von 10^{72}m^3 unbestimmt, bzw. sein Ort könnte hier oder am Ende des Universum sein. Die Dauer, die es benötigen würde, damit das Teilchen sich am Beobachtungsort befindet, betrüge für die weiteste Entfernung 10^{24}m rund eine Zeit von $l_{24}/c = 10^{15}$s. Damit könnte die Beobachtung vom Sender zum Empfänger (Bsp. Doppelspalt) so lange dauern, wie das Universum alt ist und Feynmans Gedanke wäre damit erfüllt, allerdings in einer zeitlichen Größe, die nicht der zeitlichen Realität entspricht.

Durch einen Lichtstrahl c entlang der Länge l_{24} erhalten wir eine Frequenz $c/l_{24} = v$. Dies führt zu einer Energie $E = hv$ und mit $E/c^2 = m_{klt}$ zum vorgestellten Kleinteilchen von 10^{-66}kg. Dieses freie Kleinteilchen (10^{-66}kg) ist auf der Wellenlänge von (10^{+24}m) unbestimmt. Ist dieses Kleinteilchen im herkömmlichen Sinn materialisiert oder besteht das Kleinteilchen aus einem anderen Stoff, also vor dem Spalt.

Das Problem nach dem Spalt wäre über $\Delta p = iac$ lösbar, wenn das Proton nur durch einen Spalt geht. Wenn man aber Millionen Teilchen auf den Schirm schickt, dann sieht man gleichmäßig verteilte Streifen auf dem Schirm, ohne eine Verstärkung bei einem Spalt. Nach dem Teilchenbild- bzw Vorstellung ist dies nur möglich, wenn das Proton nicht wie bei Heisenberg vor dem Spalt einen Impuls von $p = h/l_w$ hat, sondern das Proton muss sich nach dem Senderstart zu Σm_{-66} auflösen. Jetzt erhalten wir „vor" dem Spalt eine Wolke von Kleinteilchen, die sich durch Interaktion auf dem Schirm oder nach dem Spalt durch ein Beobachtungsgerät (Licht) wieder als Proton oder auf dem Schirm wiederfindet.

Der Protonenstart ist folgendermaßen erklärbar. Im Proton herrscht eine Kraft von $F = ma$ die überwunden werden muss, damit sich das Proton in seine Bestandteile auflöst. Hierfür benötigen wir eine Impulsfrequenz (v) um eine Impulskraft $F = hv_{db}$ / $l < l_{dB}$ zu erreichen, die über der inneren trägen Kraft $F \leq m^2c^3/h$ liegt. Sobald das Proton „aufgebrochen" ist werden die 10^{39} Kleinteilchen zunächst über 10^{+72}m^3 unbestimmt verteilt, um sich durch Interaktion wieder zu einem Proton zu formen. Mit $h_9 \leq A_{Planck} \Phi c/y$ kann man mit einer Frequenz v^2 umformen zu einer Kraft basierend auf einem Potential.

$F_9 = A_{db} \Phi v^2 /y > m^2c^3/h$. Mit einer Wellenlänge des Lichts von 720 nm $\rightarrow v = 10^8$m/s / 10^{-7}m $= 10^{15}$/s und einem angenommenen Potential Φ von 10^{-6} m^2/s^2 wäre die Kraft erreicht, mit Rotlicht das Proton mit 10^5 N aufzuspalten.

- Dies klingt noch unwahrscheinlicher wie Feynmans Hypothese, dass die Teilchen bis ans Ende des Universum und wieder zurück fliegen und dies instantan, wenn man die gewaltige Maschine in Cern sehen kann, um die Protonen aufzubrechen.

Durch einen Lichtstrahl c erhält das unbestimmte Kleinteilchen auf der Länge von (10^{+24}m) an einem unbestimmten Ort eine Frequenz v (c / l_{24}). Danach ergibt sich eine Energie von $E = hv$. Das Proton löst sich im 1. Fall durch die gezeigte Kraft nach dem Spalt in Kleinteilchen auf, so dass sie sich auffächern und sich wieder finden als Proton auf dem Schirm und zwar dort wo die Interaktion stattgefunden hat. Allerdings wurde ein Kleinteilchen ersetzt durch ein anderes. Dasjenige auf der Länge 10^{+24}m durch eines aus dem gesendeten und dann aufgefächerten Proton.

187) $\Delta p = \Delta i_{1-3} \, a_{t+s} \, c$

Und daraus

188) $h` \approx \Delta i_{1-3} \, a_{t+s} \, c * \Delta x$

Die Spaltbreite Δx ist beim Teilchenbild eine entscheidene Größe. Heisenberg wählt vor dem Schirm einen eindeutigen Impuls $p = h/l_w$ durch das Wellenbild. Im Teilchenbild ergibt sich $p = mc$ bzw. $p_{\Sigma -66} = \Sigma m_{-66} * c$. Es ist denkbar, dass die einzelnen Teilchen ($_{-66}$) als Teilchenwolke nicht einzeln durch den Spalt "fliegen", sondern die Teilchen bilden verschiedene „Obertonpakete", manche fliegen auch einzeln durch den Spalt. Die Obertonbildung geht nach dem Muster 1,2,3,4……..N. Also Grundton, Oktave 1, Quinte, Oktave 2. Die ganzen Zahlen werden bei den Teilchenpakten abgelöst durch Exponentenzahlen. Das Muster geht dann nach 10^{39}; 10^{19}; 10^{13}, 10^{10}........ $1/N$. Diese Exponentenzahlen Z bilden dann die Massen der Teilchenpakete durch $Z * 10^{-66}$ kg. Es ist nun klar, dass die einzelnen Pakete verschieden schwer sind.

189) $h`_1 \approx \Delta mc * \Delta x$

Das Proton ist in mehrere Teilpakete aufgeteilt, die durch den Spalt wollen. Für Δmc kann man auch Δiac anschreiben. Durch die Spaltkanten gibt es beim Teilchendurchgang Beschleunigungseffekte, die das Teilchen in der Flugrichtung zu $\dot{a}$ beeinflussen, so dass es auf dem Schirm zu keiner gleichmäßigen Verteilung kommt. Auch um so schmaler der Spalt und um so näher das Teilchen am Spaltrand gilt, je größer die Ablenkung. Wenn sich das Proton am Start auflöst, werden sich die Teilchenpakete wie ein –Miniatur-Wellensittichschwarm- verhalten und sich gegenseitig beeinflussen. Die Massen der Pakete wird verschieden sein und die Massenbegleitungen zum Hauptimpuls werden im Spalt ebenso für Ablenkungen sorgen, so dass ein weiterer Grund für das sich bildende Bild vorliegt, das einer Welle ähnelt. Beobachtungen (Licht) nach dem Spalt, sorgen für die Vereingung der Kleinteilchen zum Proton.

190) $h`_{3.2} \approx +- (Vmc^4/y)^{1/2}$ (-45, -27, +32,11)/2

Verwendet man das Proton als Massengröße so ist die Bedingung $h` > h$ eingehalten. Auch wird das Ursprungsteilchen ebenso wie in Gleichung 191) am Start aufgelöst und wird dann in entsprechenden Paketen zum Schirm befördert.

191) $h`_4 \approx +- ((\Delta y m^3 \Delta x)^{1/2}$

Mit der Planckmasse und der Plancklänge ist $h` = h$ eingehalten. Dagegen ergibt sich für die Protonenmasse und die zugehörige de Brogliewelle, eine Wirkung, die um den Faktor $10^{20}$ kleiner ist als h. Damit wäre gezeigt, dass es Wirkungen gibt, die $h` < h$ sein können. Dabei sind die Bestandteile der Gleichung mit Δx gleich zur Heisenberggleichung, allerdings ist der Impuls gekennzeichnet mit einem Teil der Gravitation

193) $h`_6 \approx \Delta mc\, A^{1/3} * \Delta x^{1/3}$

Die geometrischen Glieder müssen getrennt sein, damit die Unschärfe zwischen Impuls und Ort gewährleistet ist. Dies ergibt aber gebrochene Flächen- und Längendimensionen.

194) $h`_7 = (h/c^2)\, \Phi$

Kleinere Potentiale wie c^2 führen zu einer kleineren Wirkung wie h.

195) $h`_9 = A\, \Phi\, c/y$

Mit der Protonenfläche und einem Potential aus c^2 ergibt sich eine Wirkung weit größer über h.

Die grundlegenden Formeln zu h eröffnen ein neues Bild für das Proton, jedoch ist der Vorgang am Start, zu Beginn der Heisenbergschen Darstellung, noch nicht ganz dargestellt bzw. überzeugend. Für diesen Vorgang und den Zustand am Start muss dann doch gelten, wenn es ein „Welle-Teilchen-Dualismus" sein soll, dass $E = hv = E = mc^2$ ist. Das Problem ist, dass wir in beiden Gleichungen keinen Ort bestimmen können. Deshalb versuchen wir einen solchen Ort herzuleiten, aus dem das $Proton_{\Sigma-66kg}$ seinen Weg durch den Doppelspalt findet.

196) $hv = mc^2$

197) $hv/c^2 = m$

198) $h/c^2 t = m$

199) $h\, t/c^2 = m t^2$

200) $hct/c^3 = m t^2$

201) $hyct/c^3 = m y t^2$

Daraus ergeben sich zwei elementare Formeln (Gleichung 200) für ein Volumen, einen Ort und eine Masse, vergleichbar mit den Gleichungen in 195), allerdings zur Energie. Auf dem Herleitungsweg ist auf der linken Seite der Wellenbezug und auf der rechten der Teilchenbezug abzulesen. So ist das Volumen in Gleichung 201) einen Volumenwellenbezug zuzuordnen und in Gleichung 202) einen Volumenteilchenbezug.

202) $V = iyct$ $i = h/c^3$, $i = m/a$, $i = A/y$

203) $V = m y t^2$

Damit haben wir aus den grundlegenden Energieformeln zwei grundlegende Volumen-Raum- und Teilchenformeln hergeleitet.

Um aber ein Proton zu erhalten, in welchem die beiden Volumen $_{WT}$ ein solches Proton definieren, gilt

204) $V = (m/a)\, yct$

205) $m = Va/yct$

206) $m = V/yt^2$

207) $m = +- (Va/yct * V/yt^2)^{1/2}$　　　　　　　　　　　　$a/c = 1/t$

208) $m = +- (V^2/y^2t^4)^{0,5}$

Was zur Ursprungsformel

209) $V = myt^2$ führt bzw. $m = V/yt^2$

Der gleiche Vorgang ergibt sich bei $i = A/y$. Also $i = A/y$ und $i = m/a$ ergeben wiederum das Volumen $V = myt^2$, wenn man beide Volumen berücksichtigt. Dies bedeutet, dass das Proton in der Größe der db-Wellenlänge $(10^{-15}m)^3$ mit einer Grundzeit von $(10^{-3,5}$ s$)^2$ ein Proton definiert. Bisher wurden die $i = A/y$ und m/a untersucht. Für das $i = h/c^3$ ergibt sich folgender Ansatz.

210) $V^2 = (h/c^3)yct * myt^2$

211) $V^2 = h\ y^2\ t^3\ m\ /\ c^2$

212) $m = V^2\ c^2/\ h\ y^2\ t^3$

213) $m = (V^2/t^3) * (c^2/hy^2)$

Der Unterschied zwischen Gleichung 208) und 212) ist erkennbar an der Anzahl der grundlegenden Konstanten, bzw. daran, dass sich beide Ansätze in dieser Gleichung wiederfinden. Weshalb Gleichung 212) der weiteren Betrachtung zugrunde gelegt wird.

Setzt man das dB- Volumen (V) und die Protonenmasse in Gleichung 212) ein, ergibt sich für $t^3 = 9,67 * 10^7$ s^3. Würde man auf $t = 4,59 * 10^2$s zurückführen, wäre der Zusammenhang nicht erkennbar. Denn t^3 ist abhängig von verschiedenen Zeiten aus den 8 Längen. Das obige Ergebnis für t^3 ergibt sich aus t^2 $(10^{-4})^2_{Nr.6}$ und t $(10^{15})_{Nr.3}$ aus Tabelle 36. Dies ist zu berücksichtigen, wenn man Ockham anwenden will.

Tabelle 36	Länge (L), Volumen (V), Zeit (t) (Proton)			
Nr.	Länge	L	V	$t = l/c$
1	h/mc	1,321E-15	2,30E-45	4,41E-24
2	$(h^4/m^5yc^2)^{1/3}$	0,013416	2,454E-06	4,50E-11
3	h^2/ym^3	1,405E+24	2,778E+72	4,69E+15
4	$(h^2y/c^4m)^{1/3}$	1,294E-28	2,1692E-84	4,32E-37
5	my/c^2	1,242E-54	1,9160E-162	4,14E-63
6	$(h^3/m^4cy)^{1/2}$	43101,287	8,0070E+13	1,44E-04
7	$(hy^2m/c^5)^{1/3}$	1,268E-41	2,0390E-123	4,23E-50
8	$(h^3y/m^2c^5)^{1/4}$	2,313E-25	1,2386E-74	7,72E-34

In der Tabelle 37 werden die Ergebnisse aus $V = iyct$ und $V = myt^2$ dargestellt. Hierbei ist zu berücksichtigen, dass zunächst in der Gleichung $V = iyct$ mit t das Volumen ermittelt wird, wodurch dann beide Größen für $m = V/yt^2$ zugrunde liegen.

Tabelle 37	Masse aus Längen		
$t = l/c$	V Aus iyct mit t	l aus iyct mit t	m aus V/yt^2
4,41E-24	2,17E-84	1,29E-28	1,6726218E-27
4,50E-11	2,21E-71	2,81E-24	1,6384352E-40
4,69E+15	2,31E-45	1,32E-15	1,5721441E-66
4,32E-37	2,12E-97	5,97E-33	1,7074120E-14
4,14E-63	2,04E-123	1,27E-41	1,7795212E+12
1,44E-04	7,07E-65	4,14E-22	5,1279649E-47
4,23E-50	2,08E-110	2,75E-37	1,7429856E-01
7,72E-34	3,80E-94	7,24E-32	9,5526551E-18

Die sich aus obigem Ansatz ergebende Formel $m - V^2/t^3 * c^2/y^2h$ (Gl. 212) hat zwei Bestandteile. Einen variablen (V/t^3) und einen konstanten (c^2/hy^2) Teil. Der konstante Teil definiert eine Masse, in der eine konstante Wirkung, eine konstante Geschwindigkeit und eine konstante Gravitation herrscht. Der variable Teil ist gekennzeichnet durch einen „sechs- dimensionalen" Raum und eine „drei-dimensionale" Zeit. Die –Dimension ergibt sich lediglich aus den verschiedenen Längen die ebenfalls wie die Zeiten auf den Konstanten beruhen, anhand der Anzahl der Exponentenzahl (Multiplikation der Grundlängen) annimmt. Die Raumdimension >3 verweist allerdings auf einen strukturierten Raum. Die drei Zeiten werden anhand eines x,y,z Koordinatensystems angezeichnet. Der sechsdimensionale Raum folgt diesen Koordinaten über die Beziehungen $t = c/a_s$ und l_{1-9} bzw. $l = c^2/a_s$. Die Beschleunigung a_s gründet ausschließlich noch auf den theoretisch festgestellten Wert über die Beziehung $a_s = ym^3c^2/h^2$. Theorie $m_{pr} = V^2/t^3 * c^2/hy^2$ und Empire m_{pr} werden sich weiter angleichen. Die in Tabelle 38) gezeigte „Raumzeit" wird definiert durch ineinander befindliche Volumen (Spalte C, x,y,z und x`,y`,z`) mit gleichem Koordinatenursprung und Zeiten die diesen Koordinaten folgen.

Tabelle 38	V^2/t^3 Variable und c^2/hy^2 Konstant				
	A	B	C	D	E
V	2,1E-84	2,3E-45	2,78E+72	7,07E-65	2,04E-123
V	2,1E-84	2,4E-06	1,92E-162	7,07E-65	2,04E-123
t_1	4,4E-24	4,6E+15	4,69E+15	4,50E-11	4,23E-50
t_2	4,4E-24	4,6E+15	1,44E-04	4,50E-11	4,23E-50
t_3	4,41E-24	4,6E+15	1,44E-04	4,50E-11	4,23E-50
Variabel	5,4E-98	5,4E-98	5,49E-98	5,49E-98	5,49E-98
Konstante	3,0E+70	3,0E+70	3,04E+70	3,04E+70	3,04E+70
Proton	1,6E-27	1,6E-27	1,67E-27	1,67E-27	1,67E-27

Tabelle 38, umfasst den variablen und konstanten Teil der Formel $m = V^2/t^3 * c^2/hy^2$. In einfacher Form werden die Volumina und Zeiten zu einander gesetzt, so dass die Protonenmasse (letzte Zeile) ablesbar wird. Hierbei ist zu berücksichtigen, dass die Größen sich auf die hergeleiteten Längen beziehen. Die Anwendung von Ockham würde die Bezüge in dieser Darstellung vernichten.

Mögliches Beispiel:

Im Tiefbau soll ein Graben mit 100m Länge, 0,5m Breite und 0,8m Höhe mit insgesamt 40m³ gebaut werden. Der Graben wird ausgeschrieben mit 40m³. Der billigste Bieter moniert, er hätte einen Normalgraben mit $50m * 1m * 0,8m = 40m^3$ angeboten. Er fordert einen Nachtrag. Hat der Bieter eine Chance obwohl nach Ockham ausgeschrieben wurde?

Durch das gezeigte „Aufbrechen" des Proton nimmt das Proton ein statisches Volumen ein. Durch das Aufbrechen ergibt sich eine Länge, in der Folge ein zweites Volumen, welches sich folgendermaßen ergibt.

213) $R4 = V * l$

214) $R5 = V * A$

215) $R6 = V * V = V^2$

Es wurde gezeigt, dass das Kleinteilchen unmittelbar mit dem Grundteilchen in Verbindung steht. Weist man dem Grundteilchen das Volumen 1 zu und dem Kleinteilchen das Volumen 2, so ist eine Verbindung von $V1 * V2 = R_6$ folgerichtig. Die Volumina der beiden Teilchen sind ineinander über die sich ergebende Struktur verbunden. Ist l länger als $V^{1/3}$ wird $V^{1/3}$ mit dem Überschuss von l strukturiert. Das gleiche geschieht, wenn l kürzer ist als $V^{1/3}$. Entsprechendes gilt für die Raumdichte. Um die Variable V^2/t^3 bestimmen zu können, bedarf es der Längen l_{1-8} einerseits des Proton und des zugehörigen Kleinteilchen.

Tabelle 39	Proton $m = 10^{-27}$kg mit Längen			
Nr.	Länge	l	V 1	t1
1	h/mc	1,32E-15	2,3E-45	4,41E-24
2	$(h^4/m^5yc^2)^{\wedge}0,3333$	1,35E-02	2,5E-06	4,50E-11
3	h^2/ym^3	1,41E+24	2,8E+72	4,69E+15
4	$(h^2y/c^4m)^{\wedge}0,333$	1,29E-28	2,2E-84	4,32E-37
5	my/c^2	1,24E-54	1,9E-162	4,14E-63
6	$(h^3/m^4cy)^{\wedge}0,5$	4,31E+04	8,0E+13	1,44E-04
7	$(hy^2m/c^5)^{\wedge}0,333$	1,27E-41	2,0E-123	4,23E-50
8	$(h^3y/m^2c^5)^{\wedge}0,25$	2,31E-25	1,2E-74	7,72E-34

Und des zugehörigen Kleinteilchen

Tabelle 40	Kleinteilchen m = $^{-66}$kg mit Längen			
Nr.	Länge	l	V 2	t2
1	h/mc	1,41E+24	2,8E+72	4,69E+15
2	$(h^4/m^5yc^2)^{1/3}$	63	189	1,00E+55
3	h^2/ym^3	1,69E+141	423	5,65E+132
4	$(h^2y/c^4m)^{1/3}$	1,32E-15	2,3E-45	4,41E-24
5	my/c^2	1,17E-93	1,6E-279	3,89E-102
6	$(h^3/m^4cy)^{1/2}$	4,88E+82	1,2E+248	1,63E+74
7	$(hy^2m/c^5)^{1/3}$	1,24E-54	1,9E-162	4,14E-63
8	$(h^3y/m^2c^5)^{1/4}$	7,55E-06	4,3E-16	2,52E-14

Tabelle 41	m = $V^2/t^3 * c^2/hy^2$ (aus Proton s. Tab. Nr.4+9 = 9,357409E-31kg)							
Nr. 1	V1	V2	t1	t2	t1/2	V^2/t^3	c^2/hy^2	Masse
1	2,3E-45	2,8E+72	4,69E+15	1,00E+55	1,00E+55	1,4E-98	3,05E+70	4,2E-28
2	2,5E-06	1E-189	4,14E-63	4,50E-11	4,41E-24	3,0E-99	3,05E+70	9,1E-29
3	2,8E+72	1,9E-162	1,63E+74	3,89E-102	4,69E+15	1,8E-78	3,05E+70	5,455E-08
4	2,2E-84	4,3E-16	4,41E-24	1,63E+74	4,23E-50	3,1E-101	3,05E+70	9,4E-31
5	1,9E-162	2,3E-45	3,89E-102	4,69E+15	4,69E+15	5,2E-137	3,05E+70	1,572E-66
6	8,0E+13	1,6E-279	4,14E-63	3,89E-102	4,69E+15	1,7E-117	3,05E+70	5,1E-47
7	2,0E-123	1,24E-54	4,23E-50	1,63E+74	4,14E-63	8,9E-140	3,05E+70	2,7E-69
8	1,9E-162	2,8E+72	2,52E-14	2,52E-14	1,00E+55	8,4E-118	3,05E+70	2,6E-47
9	8,0E+13	4,3E-16	4,69E+15	4,23E-50	5,65E+132	3,1E-101	3,05E+70	9,4E-31
10	1,9E-162	2,2E-84	4,14E-63	4,14E-63	4,69E+15	5,2E-137	3,05E+70	1,572E-66
11	2,0E-123	1,2E-74	4,32E-37	2,52E-14	4,50E-11	5,2E-137	3,05E+70	1,572E-66
12	1,2E+248	2,0E-123	5,65E+132	1,63E+74	4,69E+15	5,5E-98	3,05E+70	1,672E-27
13	1,6E-279	8,0E+13	3,89E-102	2,52E-14	2,52E-14	5,2E-137	3,05E+70	1,572E-66
14	1,00E+189	1,6E-279	1,00E+55	4,41E-24	4,69E+15	7,7E-138	3,05E+70	2,3E-67
15	2,0E-123	2,0E-123	4,23E-50	4,23E-50	4,23E-50	5,5E-98	3,05E+70	1,7E-27
16	2,3E-45	2,3E-45	4,41E-24	4,41E-24	4,41E-24	6,2E-20	3,05E+70	1,9E+51
17	2,2E-84	2,2E-84	4,32E-37	4,32E-37	4,32E-37	5,8E-59	3,05E+70	1,8E+12

Die Massen aus Zeile 4+9 nähern sich der Elektronenmasse an. Das Verhältnis $m_{4+5}/m_{Elektron}$ beträgt rund 1,02. Damit ist gezeigt, dass man auch ein anderes Verhältnis als 1836 zwischen Proton und Elektron darstellen kann. Zwar wurde in dem Buch Elektron- Proton eine eindeutige Überleitungen beider Massen dargestellt, jedoch muss es auch eine Erklärung für das Verhältnis von 1,02… geben.

In der Tabelle 41) ergeben sich aus der Gleichung m = $V^2/t^3 * c^2/hy^2$ verschiedene Massen aufgrund des verschiedenen Ansatzes der volumenzeitlichen Variablen. Ungenauigkeiten ergeben sich, aber auch Eindeutigkeiten wie die Planckmasse, das Proton oder das zugehörige Kleinteilchen. Die Ansätze ergeben sich aus den vorigen Tabellen mit den zugehörigen Längen. Die Planckmasse (Zeile 3, Tabelle 41) ergibt sich aus dem gedehnten Protonenvolumnen ($10^{72}m^3$), dem Volumen aus dem Schwarzschildprotonenradius ($10^{-162}m^3$) aus einer Zeit ($10^{60} * 10^{15}$s) aus der Planckzeit und aus der Zeit des gedehnten Proton.

Es wurde eingangs die Frage aufgeworfen, was passiert mit dem Proton am Senderort. Gehen wir davon aus, dass die Protonen gleichmäßig im Universum verteilt und als Kleinteilchen aufgelöst wären, so ergäbe sich doch bei 10^{78} Protonen bzw. 10^{117}Kleinteilchen und einem Volumen von $10^{72}m^3$, einerseits ein Volumen pro Proton von $10^{-6}m^3$ und bezogen auf das Kleinteilchen von 10^{-45} m^3. Dies bedeutet, dass $10^{-6}/10^{-45} = 10^{39}$ Kleinteilchen sich in einem Volumen von $10^{-6}m^3$ befinden. Das ist ein Volumen von 2cm*2m*2cm. Dies wäre jedoch nur auf ein Volumen V_1 beschränkt. Da der Ansatz Grundteilchen, Kleinteilchen, a_s, a_t stimmen muss, so ergibt sich $V_1 * V_2 = V^2$ s. unter (m = $V^2/t^3 * c^2/hy^2$), Tabelle 42 s.V_1undV_2

Ergänzung zu m = $V^2/t^3 * c^2/hy^2$							
V1	V2	t1	t2	t1/2	V^2/t^3	c^2/hy^2	Masse
2,5E-06	2,5E-06	4,69E+15	4,69E+15	1,00E+55	2,7E-98	3,05E+70	8,34E-28
2,5E-06	2,5E-06	1,44E-04	1,63E+74	4,69E+15	5,5E-98	3,05E+70	1,67E-27

In der Tabelle 41) ergeben sich verschiedene Masseteilchen. Auszugsweise sind in Tabelle 42) Teilchen ermittelt, die mit den Kleinteilchen korrespondieren. Das Proton ist aufgelöst über $2,5 * 10^{-6}$ m^3 in 2 Volumen.

Das Proton besteht aber nicht als Einzelteil, sondern in einem strukturierten Raum von einer Einzellänge 10^{-2}m / 10^{13} = 10^{-15}m . Dieser Raum besteht aus 10^{39} Kleinteilchen. Was ist ein solches Kleinteilchen? Theoretisch bestimmt über die Masse und die Länge. Verwenden wir den Begriff des Teilchen, so ist eine Wellenlänge von 10^{24}m theoretisch vorgegeben, aber als Teil schlecht fassbar, denn wie soll sich ein solches Teilchen über diese Länge erstrecken. Der Begriff des Etwas für ein solches Teilchen erscheint dann sinnvoll, wenn sich dieses Teilchen dann noch weiter auflösen lässt z.B. in eine Masse von 10^{-125}kg. Diese wäre dann möglich, wenn wie in der dB-Beziehung, der Welle-Teil Charakter fortgeführt wird in einen Teil-Volumen bzw. in einen Teil-"Raumzeit"- Charakter wie mit $m = V^2/t^3 * c^2/hy^2$ möglich. Die Variable V^2/t^3 „pflegt" den Kontakt zur Umwelt und die Konstante c^2/hy^2 generiert dann die Masse. Werner Heisenberg schreibt in seinem Buch „Die Geschwindigkeit eines Elektron sei wieder völlig bekannt." Dieses Elektron kann nicht im und auch nicht nach dem Spalt gemeint sein. Durch seine eigene (W.H.) Beziehung $h \approx \Delta p \, \Delta x$ ist dieses Elektron, dann durch seine Annahme, dass seine Geschwindigkeit völlig bekannt ist, so muss dann danach sein Ort völlig unbekannt sein. Dies bedeutet nach Feynman, dass sich das Heisenbergsche Elektron vor dem Spalt, in unserem Fall Proton, sich auch am Ende des Universum (10^{24}m) befinden kann, wenn es beginnt vom Sender über den Spalt zum Empfänger zu fliegen. Wie aber findet das autarke also das Grundteil (Proton, Elektron, etc.) vom Ende des Universum, den Spalt durch den es durchfliegen muss, dass es zum Schirm kommt, um die Streifen zu bilden. In der Tabelle 41 Nr.12 ist ein solcher Vorgang definiert, aus dem sich aus einer raumzeitlichen Konstellation ein Proton, aus einem solchen Zusammenhang ergibt.

- Ein Hinweis zu den großen Zahlen. In meiner ersten Schrift „Der Urton vor dem Urknall" fußt dieser vor dem Urknall auf der Wellenlänge (Zeit) der Universummasse und nicht auf der Plancklänge (Zeit). Diese Universumwellenlänge nach dB ergibt rund 10^{-93}m. Aufgrund der Anzahl der Protonen und der jeweiligen einzelnen Protonenwellenlänge ergibt sich $10^{-93} * 10^{78} = 10^{-15}$m. Dieser Ansatz zu den großen Zahlen ist elementar zur Beantwortung eines möglichen Urknall und der Formelergebnisse im Kleinen wie im Großen. Entscheidend dafür ist aber die Tatsache dass die Grundlage auf den fünf Konstanten m_{pr}, m_{pl} h, y, c beruht.

Die Frage ist nur, ob am Senderstart (Länge 2cm) ein ganzes Proton vorhanden ist oder ob sich das einzelne Proton erst beim Empfänger durch die Summe der Kleinteilchen bildet. Geht das Proton in Kleinteilchenpaketen durch den Spalt, dann ergeben sich aufgrund der verschiedenen Massen der Kleinteilpakete auch verschiedene „Oberton 2,3,4…."ablenkungen bzw. beschleunigungsablenkungen im Spalt, die man auf dem Schirm sieht.

W.Heisenberg gibt für eine hohe Oszillation $\Delta p \, \Delta q = n \, h$ an. Anton Zeilinger schreibt in seinem Geleitwort zu Werner Heisenbergs Buch „Die physikalischen Prinzipien der Quantenmechanik", dass es eine Welt gäbe, zu der es prinzipiell keine Verbindung „bisher" geben kann. Diese Welt besteht für mich aus den gezeigten 8 Längen plus Plancklänge. Zwei Beispiele seien davon hier nochmals dargestellt.

Welt 1   Die Länge 10^{-2}m gibt an welche Größe das Proton annehmen muss, um sich gleichmäßig im gedehnten Protonenvolumen$_{72}$ zu verteilen. Eine eigenartige Welt aber gilt für die Dichte, bei einer bisher gekannten Welt von 5%.

Welt 2   Die Länge 10^{-28}m gibt an, dass sich 10^{39} kleine Würfel mit einem Volumen von 10^{-84}m³ im Proton strukturiert befinden.

Es ist keine große Leistung, wenn man die genannten Größen empirisch erschließt, doch mit einer theoretischen Grundlage (Formeln) ist die Tatsache gegeben, dass die gezeigten Teilchenlängen bedeutsam sind.

Zurück zum Senderstart.

Ich versuche den Senderstart zu definieren. Ausgehend von einem reinem Volumen in der Grundlänge von 2cm, also 10^{-6}m³ ergibt die erste Erweiterung mit einer Länge von 2cm ein Volumen R_4 von 10^{-8} cm⁴.

- Hinweis zu l^4 bei der Energiedichte von $E_\rho = hc/l^4$. Im Physikschrifttum wird für l die Plancklänge verwendet und führt zu einer etwaigen Energiedichte von rd. 10^{114} J/m³. Mit dem Protonenvolumen $_{v-45}$ und der Länge l_{24} erhält man mit gleicher Formel die gültige Energiedichte 10^{-5} J/m³. Diese Größe geht auch aus dem gedehnten Protonenvolumen mit 10^{67}J und 10^{72}m³ hervor.

Die x,y,z, Koordinaten des Grundvolumen werden ergänzt durch x`,y`,z` die sich vom Nullpunkt aus länger, kürzer oder gleich ergeben. Die 3 Zeiten ergeben sich aus den verschiedenen Längenbezügen der Volumina 1+2. Vorerst mittels Ockham ergibt sich dann ein sechsdimensionaler Raum bezogen auf jeweils eine Sekunde entlang der Koordinaten x,y,z bzw. x`,y`z` .

Diese Zahlen von V^2/t^3 wie z.B. $1,8 * 10^{-78}$ für die Planckmasse, oder $5,5 * 10^{-98}$ für das Proton (s. Tabelle 41), Nr.3 m_{pl} und Nr.12+15 m_{pr}) ergeben mit den Konstanten immer die zugehörige Masse. Wie sich diese Vorzahlen der Konstanten bilden, ist wichtig, um zu erkennen, woher diese Volumen und Zeiten rühren, Dass diese das entsprechende Teilchen bilden können.

Beispielhaft am Exponent wird gezeigt anhand des Volumens 10^{248} m³ (Tabelle 41 Zeile 12), was die Zahlen ausdrücken bzw. können. Diesem Volumen entspricht eine Grundlänge von 10^{82}m (Tabelle 40, Nr.6). Eingangs wurde bestimmt, dass das gedehnte Protonenvolumen bei 10^{72}m³ zu sehen ist und in diesem Volumen 10^{117} geometrische Protonenwürfel (dB-Länge) Platz finden. Wenn man sich nun vorstellt, dass sich in diesem Protoneneinzelvolumen eine Plancklänge befindet, was ja möglich wäre, so müsste man sie nur einer der Koordinaten zuordnen, so ergibt die Rechnung $10^{117} * 10^{-35}$m $= 10^{82}$m. Die Zeit von 10^{132} s setzt sich ähnlich zusammen: $10^{117} * 10^{15}$s $= 10^{132}$s (s. Tabelle 41, Nr.12, Spalte t_1).

Bestimmt man h $=$ mc $*$ l und setzt für l die grundlegenden Längen basierend auf den Konstanten ein, ergeben sich auch kleinere h` z.B. mit l $= 10^{-41}$m zeigt sich ein h` $= 10^{-60}$. Dies wäre ein spezielles Ergebnis im Detail. Dies gilt nicht nur für 10^{-28}m sondern auch für 10^{-25}m oder 10^{-54} m. In der Form h $=$ mc $*$ l ist die de Broglie Wellenlänge die kleinste Größe, um die Unschärfe einzuhalten. Auf die Maßstabsteilung wurde schon hingewiesen, sei hier aber noch einmal gezeigt mit l_{dB} / $10^{39} = 10^{-54}$m. Dies wäre zu vergleichen mit den am Bau manchmal verwendeten 10tel Millimeter wobei 1 Millimeter im Rohbau (Ausbau) ausreichend ist.

Setzt man aber für l die acht Gleichungen ein, ergibt sich h $=$ m²y/c bis auf die de Broglie Wellenlänge. Hier erhalten wir h $=$ h. Da aber die erweiterten Längen aus den Konstanten hergeleitet sind, müssen Sie in irgend einer Form gelten und zwar zu etwas, was bisher nicht gekannt ist. Die Länge 10^{82}m kann auch mittels $10^{58\ (60)} * 10^{24}$m dargestellt werden. Auch damit kann man $10^{20}, 10^{40}, 10^{60}$ bzw. dann $10^{40}, 10^{80}, 10^{120}$ ableiten und ablesen, wobei die erste Reihe der Planckmasse zuzurechnen und die zweite Reihe als Exponenten dem Proton zuzurechnen ist.

216) h` $=$ m²y/c

Es gibt nur eine Masse, die die Beziehung als m² erfüllt. Die Planckmasse. Hier ist die Verbindung zwischen der Schwere, der Träge und der Unschärfe zu finden, die auch die Planckmasse als Bedingung hat für die Gleichheit der beiden Erscheinungen. Formt man nach Z $=$ m_{pl}y/hc um, so erhält man für Z $= 1$ die Planckmasse. Für die Protonenmasse ergäbe sich als Ergänzung 10^{12} für m² $= 10-27 * 10^{12} = 10^{-15}$kg². Als gleiche Massenpaare können keine Massen kleiner der Planckmasse eingesetzt werden. Die unterschiedlichen Massen müssen im Ergebnis immer m² $\geq m_{pl}^2$ ergeben, wenn die Unschärfebeziehung von Heisenberg gelten soll. Dies ist eindeutig, wenn der Impuls mit der elektromagnetischen Wellenlänge ergänzt wird. Die weiteren Längen dienen jedoch auch dazu, andere Phänomene aufzuzeigen und zwar diese, dass das h` $<$ h ist.

217) h $=$ mc $*$ h/mc $\quad = $ h

218) h $=$ mc $*$ (h⁴/m⁵yc²)$^{1/3}$ $\qquad\qquad =$ m²y/c

219) h $=$ mc $*$ h²/ym³ $\quad =$ m²y/c

220) h $=$ mc $*$ (h²y/c⁴m)$^{1/3}$ $\qquad\qquad =$ m²y/c

221) h $=$ mc $*$ my/c² $\quad =$ m²y/c

222) h $=$ mc $*$ (h³/m⁴cy)$^{1/2}$ $\qquad\qquad =$ m²y/c

223) h $=$ mc $*$ (hy²m/c⁵)$^{1/3}$ $\qquad\qquad =$ m²y/c

224) h $=$ mc $*$ (h³y/m²c⁵)$^{1/4}$ $\qquad\qquad =$ m²y/c

225) h $=$ mc $*$ (hy/c³)$^{1/2}$ $\qquad\qquad =$ m²y/c $\qquad$ mit Plancklänge

Aus der Ablenkung und der Spaltbreite ergibt sich die Wirkung h` $\approx \Delta$iac $\Delta$x. Daraus ist aber auch eine andere Form von h` möglich. Denn mit a Δx ergibt sich das Potential $\Phi =$ a Δx. Danach wäre die Formel h` $\approx$ (h/c²) Φ folgerichtig.

Herleitungen zu den grundlegenden Formeln zur Unschärferelation

226) h`$_1 \approx \Delta$(h/c³) (mc³/h) c $* \Delta$x

227) h`$_1 \approx \Delta$mc $* \Delta$x

228) h`$_2 \approx \Delta$ m/a mc³/h c $* \Delta$x

229) h`$_2 \approx \Delta$mc $* \Delta$x

230) h`$_3 \approx \Delta$ (A/y) (mc³/h) c $* \Delta$x

231) h`$_3 \approx$ Vmc4/y

232) h`$_{3.1} \approx (\Delta$(Amc4/y) Δx)1/2

233) h`$_{3.2} \approx$ +- (Vmc4/y)1/2

234) h`$_4 \approx \Delta$(h/c³) (ym³c²/h²) c $* \Delta$x

235) h`$_4 \approx$ +- ((Δym³) Δx)1/2

236) h`$_5 \approx \Delta$(m/a) (ym³c²/h²) c $* \Delta$x

237) $h`_{5.1} \approx \Delta mc\, \Delta x$

238) $h`_6 \approx \Delta(A/y)\, (ym^3c^2/h^2)\, c*\Delta x$

239) $h`_6 \approx \Delta Am^3c^3 * \Delta x$

240) $h`_6 \approx \Delta mc\, A^{1/3} * \Delta x^{1/3}$

Verwendet man nicht die Unschärfe in der Gleichung 240, führt dies zu einer Verbindung von einer gebrochenen Fläche und Länge, zu einer Länge.

241) $h`_6 \approx \Delta mc\, \Delta x$

entfernt man die Unschärfen aus

242) $h` \approx \Delta i_{1-3}\, a_{t+s}\, c*\Delta x$ zeigt sich

243) $h`_7 = \Delta i_{1-3}\, \Phi\, c$

244) $h`_7 = (h/c^3)\, \Phi\, c$

245) $h`_7 = (h/c^2)\, \Phi$ wenn $\Phi \geq c^2$ dann h eingehalten
                                             wenn $\Phi \leq c^2$ dann kleinere Wirkung als h

246) $h`_8 = (m/a)\, \Phi\, c$

247) $h`_8 = (mh/mc^3)\, \Phi\, c$

248) $h`_8 = (h/c^2)\, \Phi$        entspricht h`4

249) $h`_9 = (A/y)\, \Phi\, c$

250) $h`_9 = A\, \Phi\, c/y$

Tabelle 43	Wirkungsberechnung zur Unschärferelation Wirkungsberechnung h` mit 9 Längen		
Längen	X	$h` = (ym^3 * x)^{0,5}$	$h` = mc * x$
h/mc	1,321E-15	2,03144E-53	6,626E-34
$(h^4/m^5yc^2)^{1/3}$	1,35E-02	6,49065E-47	6,764E-21
h^2/ym^3	1,4058628E+24	6,62607E-34	7,050E+05
$(h^2y/c^4m)^{1/3}$	1,29448E-28	6,35818E-60	6,491E-47
my/c^2	1,2420301E-54	6,22803E-73	6,228E-73
$(h^3/m^4cy)^{1/2}$	4,31E+04	1,16019E-43	2,161E-14
$(hy^2m/c^5)^{1/3}$	1,26806E-41	1,99001E-66	6,359E-60
$(h^3y/m^2c^5)^{1/4}$	2,31372E-25	2,68807E-58	1,160E-43
(hy/c^3)	4,051E-35	3,55694E-63	2,031E-53

In der ersten Zeile ergibt sich h durch die Wellenlänge des Proton. In der dritten Zeile der vorgenannten Tabelle ergibt sich h durch die Wellenlänge des Kleinteilchen auf dem hergeleiteten Weg über $h` = (ym^3 * x)^{0,5}$.

Den Wirkungen h` entsprechen starren Größen.

Vermutet man verborgene Parameter, so könnten sich diese am Beispiel der Plancklänge so darstellen. Die starre Größe beträgt 10^{-53}m. Um ca. $h` = h$ einzuhalten, wäre der verborgene Parameter 10^{19}. $10^{-53} * 10^{19} = 10^{-34}$.

Werner Heisenberg führt aufgrund der hohen Oszillation ein n ein. Dies führt in ein bewegtes System.

Die Energiedichte führt zur Zahl 10^{234} mit Dichte 1/ Dichte 2.

Tabelle 44	Energiedichte	
Hc	1,98645E-25	
l_{planck}	4,05121E-35	
l^4_{planck}	2,6936E-138	
$l_{24} = h^2/ym^3$	1,406E+24	
V_{l24}	3,906E+96	
$E_{Dichte\ 1}$	7,3746E+112	J/m³ aus hc/l4
$E_{Dichte\ 2}$	5,085E-122	J/m³ aus hc/l4

Tabelle 44 ff.	Energiedichte	
$Z_{D1/D2}$	1,450E+234	$(Z_1{}^3)^2$
$Z_{D2/D1}$	6,896E-235	$(Z_2{}^3)^2$
$Z^{1/2}$	1,204E+117	$Z_1{}^3$
$Z^{1/2}$	8,304E-118	$Z_2{}^3$
$Z^{1/3}$	1,064E+39	Z_1
$Z^{1/3}$	9,399E-40	Z_2

Ein Phänomen zu Rot-Grün

Ein empirischer Nachweis zur dunklen Materie. Auf der Umschlagseite sehen sie zwei Farben mit denen Sie auf einem Malgrund von ca. 1m∗1m das Experiment nachstellen können. Mit einem Dimmer justieren Sie die Helligkeit bei ca. 3 Lux ein und es erscheint ein Phänomen, welches ca.1 tausendstel bis eine zehntausendstel Sekunde anhält.

Tabelle 45	Rot-Grün						
Tabelle	Vorzahl	Nm	l	l/c=t	f=1/t	V	I
						V=iyct	
Rot	720	1,00E-09	7,20E-07	2,40E-15	4,16E+14	1,1817E-75	1,0572E-25
Grün	530	1,00E-09	5,30E-07	1,77E-15	5,66E+14	8,6985E-76	9,5459E-26
	625	1,00E-09	6,25E-07	2,08E-15	4,80E+14	1,0258E-75	1,0085E-25
Quantenstrom	f=N/t	1,00E+03	1/s		m_{photon}	3,07E-36	
Anzahl der Quanten	N	1,00E+00	Zahl		impuls	9,20E-28	
Zeit Q-Strom	t	1,00E-03	S				
Wirkungsquantumm	h	6,63E-34	kg m²/s				
Frequenz	f	4,80E+14	1/s		m=h/(lc)	2,1915E-17	
Strahlungsleistung	$\Phi = h\,\Phi\,f$	3,18E-16	Kg m²/s³				
Impuls Photon	p_{Photon}	9,20E-28	Kgm/s	$m_{photon}c$			
Beschleunigung	a	3,45E+11	m/s²				
t=Rot-Grün	t	8,68E-04	S	c/a			
Grundteilchen zu a	m_1	8,49E-48	Kg	Ia			
Kleinteilchen zu m1	m_2	2,9349E-21	Kg	$(ah^2/yc^2)^{1/3}$			
Phänomen Zeit	t	8,68E-04	S				

Tabelle 46	Kleinteilchen $m = 10^{-48}$kg bei Nr.1 $t = 8{,}68*10^{-4}$s				
Nr.	Länge	L	V	t	A
1	h/mc	2,60E+05	1,8E+16	8,68E-04	3,45E+11
2	$(h^4/m^5yc^2)^{1/3}$	8,99E+31	7,3E+95	3,00E+23	9,99E-16
3	h^2/ym^3	1,07E+85	1,2E+255	3,58E+76	8,37E-69
4	$(h^2y/c^4m)^{1/3}$	7,53E-22	4,3E-64	2,51E-30	1,19E+38
5	my/c^2	6,31E-75	2,5E-223	2,10E-83	1,43E+91
6	$(h^3/m^4cy)^{1/2}$	1,67E+45	4,7E+135	5,58E+36	5,38E-29
7	$(hy^2m/c^5)^{1/3}$	2,18E-48	1,0E-143	7,27E-57	4,12E+64
8	$(h^3y/m^2c^5)^{1/4}$	3,25E-15	3,4E-44	1,08E-23	2,77E+31

Tabelle 47	Grundteilchen $m = 10^{-21}$kg bei Nr.3 $t = 8{,}68*10^{-4}$s				
Nr.	Länge	L	V	t	a
1	h/mc	7,53E-22	4,3E-64	2,51E-30	1,19E+38
2	$(h^4/m^5yc^2)^{1/3}$	5,28E-13	1,5E-37	1,76E-21	1,70E+29
3	h^2/ym^3	2,60E+05	1,8E+16	8,68E-04	3,45E+11
4	$(h^2y/c^4m)^{1/3}$	1,07E-30	1,2E-90	3,58E-39	8,37E+46
5	my/c^2	2,18E-48	1,0E-143	7,27E-57	4,12E+64
6	$(h^3/m^4cy)^{1/2}$	1,40E-08	2,7E-24	4,67E-17	6,42E+24
7	$(hy^2m/c^5)^{1/3}$	1,53E-39	3,6E-117	5,10E-48	5,88E+55
8	$(h^3y/m^2c^5)^{1/4}$	1,75E-28	5,3E-84	5,83E-37	5,15E+44

Tabelle 48	Photon (Visuell als a nicht wahrnehmbar)				
Nr	Länge	l	V	t	a
1	h/mc	7,20E-07	3,7E-19	2,40E-15	1,25E+23
2	$(h^4/m^5yc^2)^{1/3}$	4,90E+12	1,2E+38	1,64E+04	1,83E+04
3	h^2/ym^3	2,27E+50	1,2E+151	7,59E+41	3,95E-34
4	$(h^2y/c^4m)^{1/3}$	1,06E-25	1,2E-75	3,53E-34	8,50E+41
5	my/c^2	2,28E-63	1,2E-188	7,60E-72	3,94E+79
6	$(h^3/m^4cy)^{1/2}$	1,28E+22	2,1E+66	4,27E+13	7,02E-06
7	$(hy^2m/c^5)^{1/3}$	1,55E-44	3,7E-132	5,18E-53	5,79E+60
8	$(h^3y/m^2c^5)^{1/4}$	5,40E-21	1,6E-61	1,80E-29	1,66E+37

In den Gleichungen zum empirischen und theoretischen Nachweis der Grund- und Kleinteilchen an einem Kunstbild (Rot-Grün) ist mit den vorliegenden Möglichkeiten der Beweis zur dunklen Energie u.a. mit $m = ia$ dargelegt.

Über einen Quantenstrom mit einer geschätzten Beobachtungszeit ergibt sich eine Strahlungsleistung, die mit einem Photonenimpuls zu einer Beschleunigung führt. Anhand dieser Beschleunigung sind zwei Teilchen m_{-48} und m_{-21} darstellbar. Die Tabellen 45, 46 und 47 zeigen, dass das Grundteilchen m_{-21}, mit der Volumenlänge wechselwirkt und das Kleinteilchen m_{-48} mit der elektromagnetischen Wellenlänge.

Tabelle 48 zeigt die Daten des Photon, deren dargestellte Größen einer nachweisbaren Bildbetrachtung nicht zugänglich ist.

Die Unschärfe ist erkennbar aus $h \approx p\,q$. Wenn $p = mc$ ist und q l die Wellenlänge, dann muss die Wellenlänge länger sein als die Wellenlänge der Impulsmasse und die Wellenlängenmasse muss leichter sein als die Impulsmasse, dann ist $h = h$, denn die Wirkungsunschärfe findet auch auf die gezeigte Volumen- und Strukturlänge statt (z.B. 10^{-28}m, 10^{-2}m). Wenn die Wellenlänge l kürzer ist, als die Wellenlänge der Impulsmasse, dann führt dies zu $h` \leq h$. Wenn wir $h` = mc\,(hy/c^3)^{1/2}$ setzen, dann können wir für m ein Proton einsetzen und die Festsetzung mit $h` \leq h$ ist erfüllt. Setzen wir die Planckmasse ein, so erhalten wir $h = h$. Für die Planckmasse im Zusammenhang mit der Plancklänge erhalten wir demnach kein gültiges h. Im Zusammenhang mit dem Proton muss die Plancklänge eine andere Länge als die elektromagnetische Wellenlänge sein. Mit den gezeigten Längen sind Volumen- und Strukturlängen möglich, die gewährleisten dass $h` \leq h$ ist. Die Längen und entsprechenden $h`$ wurden dargestellt.

Die Formel $h = mc\,l$ kann man statisch auch so anschreiben ($l_{dB} = h/mc$).

251) $h = mc\,h/mc$

252) $h = h$

und so mit einer alternativen Länge

253) $h = mc\,h^2/y\,m^3$

254) $h = m^2y/c$

Will man $h = h$ als Ergebnis so folgt $m = m_{pl}$.

Löst man nach h auf, so ergibt sich eine Planckmasse zum Quadrat deren Gegebenheit von grundlegender Bedeutung sein muss, will man die Massenpaare (z.B. 10^{-27} und 10^{12}) gelten lassen. Als Produkt führt dieses Paar zur quadrierten Planckmasse und als Verhältnis zu $(10^{-20})^2$.

Schwere, Träge in Verbindung zur Unschärfe anhand der Planckmasse

Die beiden Themengebiete haben eine gemeinsame Grundlage. Die Planckmasse.

Die beiden gleich gesetzten Beschleunigungsformeln aus der Masse- und Trägebeziehung

255) $mc^3/h = ym^3c^2/h^2$

führen zu

256) $h = m^2y/c$

Für das Wirkungsquantum ergibt sich ein Massenpaar, dessen Produkt nicht kleiner werden kann als m_{pl}^2. Weitere Massenpaare sind möglich z.B. 10^{-27} und 10^{12} oder 10^{-66} und 10^{51}. Das Produkt von Proton und Elektron wäre damit vorerst ausgeschlossen in der Gleichung 256)

Die der Unschärfe zugrundliegende Formel (Ursprung)

257) $h \approx \Delta p\, \Delta q$

ist auch folgendermaßen anzuschreiben

258) $h \leq \Delta mc\, \Delta q\,(\Delta l)$

Setzt man für $\Delta l = h/m\,c$ so ergibt sich

259) $h = h$

setzt man die gezeigten bisherigen weiteren Längen l_8 ein, so zeigt sich jeweils

260) $h = m^2\, y/c$

Um Fehler auszuschließen, wird die Plancklänge eingesetzt.

261) $h \leq \Delta m\, c\, (hy/c^3)^{0,5}$

Mit der Plancklänge ergibt sich das gleiche Ergebnis wie mit den gefundenen 7 weiteren Längen. (siehe zuvor)

262) $h = m^2y/h$

Die Gültigkeit des vorgehenden Satzes zur Träge und Schwäre gilt auch bei der Unschärfe und führt dazu, dass die Unschärfe die Träge und die Schwere ineinander überführt bzw. verbunden werden kann.

Da das Einsetzen der Plancklänge zur gleichen Beziehung führt wie bei den 7 weiteren Längen, ist die dB- Länge ein Einzelfall und führt auf das Wirkungsquantum zurück. Die acht weiteren Längen incl. der Plancklänge führen auf eine Beziehung, die die Planckmasse oder aber definierte Massenpaare zur Grundlage haben, die sich nicht kleiner als das Massenpaar der Planckmasse bilden können.

Tabelle 49	Kleinteilchen und gebundenen Teilchen					
Tab. 1	**Masse und Zahl**					m_{planck}
4,53E-125	1,48E-105	4,82E-86	1,57E-66	5,13E-47	1,67E-27	5,46E-08
8,30E-118	2,71E-98	8,83E-79	2,88E-59	9,40E-40	3,07E-20	Zahl
Tab. 2	**Masse**					M^2_{planck}
4,53E-125	1,48E-105	4,82E-86	1,57E-66	5,13E-47	1,67E-27	2,98E-15 m_1
6,57E+109	2,01E+90	6,18E+70	1,89E+51	5,80E+31	1,78E+12	Masse m_2
Tab. 3	**Masse und Zahl**					m_{Proton}
1,57E-66		5,13E-47			1,67E-27	Masse m_1
8,30E-118		8,83E-79			9,40E-40	Zahl Z_1
1,20E+117		1,13E+78			1,06E+39	Zahl Z_2
1,89E+51		5,80E+31			1,78E+12	Masse m_2

Die Massenpaare (Spalte) müssen sich wie folgt ergeben: $m_1m_2 = m_{pl}^2$

Die zugehörigen Zahlenpaare ergeben sich zu $Z_1Z_2 = 1$.

263) $Z_1 = m_1^2 y/hc$ bzw.

264) $m_1 = (Z_1hc/y)^{1/2}$

Die Zahl Z ist nicht zu vergleichen mit der Zahl n von Werner Heisenberg bei $\Delta q\, \Delta p = nh$. $Z_1 = 1$ bezieht sich auf die Gleichheit von träger und schwerer Masse.

In der Physikliteratur gilt für gewisse Formen der Begriff der Schönheit, die sich zeigen. Alle gezeigten Formeln und Tabellen nähern sich dem an, denn darin sind die elementaren Massen, Planck und Protonenmasse und deren zuordenbaren Zahlen dargestellt.

Das Problem, dass die Planckmasse nicht empirisch nachgewiesen wurde und deshalb nur eine theoretische Größe ist, ist, wie eingangs vermutet durch eine formelle und gedankliche Balkenwaage möglich die unterschiedliche Längenauskragungen hat. Aus der variablen Formel $m = (m^N y/hc)^{1/(N-2)}$ wird das Verhältnis mit der Zahl$_{-20}$ als grundlegend in Verbindung der vier Konstanten und der mathematischen Formel dargestellt mit der Gleichung.

265) $((m_{pr}^{0,5} y/hc)^{(1/0,5-2)}) / ((m_{pr}^{-4} y/hc)^{(1/-4-2)}) = Z_{-20}$ s. Berechnung des Urton

und den zugehörigen Exponenten

266) $x_{(-4)} = 1/N_{(0,5)} -1 - 1/N_{(0,5)}$.

Diese einfache Formel 266) definiert den erweiterten mathematischen Ansatz, in der bis dahin ausschließlich mit physikalischen Konstanten geführten Überlegungen zum Grundton. Dieser Ansatz ist aus einfachen musikalischen Überlegungen gelungen, die die Teilung einer Saite (Länge) mit N vorsehen. Nun hat jeder Ton (Klang), also kein Sinuston, einen Oberton. Diese können vielfältig sein und führen zu den bekannten Fourier-Reihen. Wenn man aber die Obertöne beschränkt, so kann man sich auch auf den letzten Oberton konzentrieren. Die Gleichung 266) stellt den letzten Oberton x.) eines Tones dar.

Durch die Formel Gl. 265) gelingt die Verbindung zwischen dem empirisch genauesten Massennachweis des Proton, als Referenzmasse zur Planckmasse, da die Planckmasse bis jetzt nicht nachgewiesen wurde. Die eingangs gestellte Frage, was ist fundamentaler, die Planckmasse oder die Protonenmasse, denn $Z_{-20} * l_{dB} = (hy/c^3)^{1/2}$ und $Z_{-20} * l_{dB\,t} = (hy/c^5)^{1/2}$ ergibt Lösungen, die einer empirischen Überprüfung standhalten, beantwortet sich dann selber, wenn man die Empirie als Beweisgröße mit einfließen lässt. Die Planckeinheiten l,t aber auch m obwohl sie einer Empirie nicht zugänglich sind, könnten ersetzt werden durch die Protoneneinheiten l, t, m, strukturiert durch Zahlen, vorwiegend durch die Zahl 10^{-20}.

Die Planckmasse wird durch eine definierte Zahl erweitert und stellt die Verbindung zwischen der Träge und Schwere und der Unschärfe her.

Bestimmt man $h = mc * l$ und setzt für l die grundlegenden Längen l_8 basierend auf den Konstanten ein, ergeben sich auch kleinere h` z.B. mit $l = 10^{-41}$m ergibt sich ein $h` = 10^{-60}$. Dies wäre ein spezielles Ergebnis ein Detail. Setzt man aber für l die acht Gleichungen für l ein, so ergibt sich $h = m^2y/c$ bis auf die de Broglie Wellenlänge. Hier$_{ldB}$ erhalten wir h = h . Da aber die erweiterten Längen aus den Konstanten hergeleitet sind, müssen Sie in irgend einer Form gelten, und zwar zu etwas, was bisher nicht bekannt ist. Bei welchen Massen bzw. bei welchen Längen außerhalb der elektromagnetischen Wellenlänge gilt nun die Formel

267) $h` = m^2y/c$

Es gibt nur eine Masse, die die Beziehung als m^2 erfüllt. die Planckmasse. Hier ist die Verbindung zwischen der Schwere, der Träge und der Unschärfe zu finden, die auch die Planckmasse als Bedingung hat für die Gleichheit der beiden Erscheinungen. Formt man nach $Z = m_{pl}y/hc$ um, so erhält man $Z = 1$ bei der Planckmasse. Für die Protonenmasse ergäbe sich als Ergänzung 10^{12} für $m^2 = 10^{-27} * 10^{12} = 10^{-15}$ kg². Als gleiche Massenpaare können vorerst keine Massen kleiner der Planckmasse vorerst eingesetzt werden. Die unterschiedlichen Massen müssen im Ergebnis immer $m_1 m_2 = m_{pl}^2$ ergeben, wenn die Unschärfebeziehung von Heisenberg gelten soll. Dies ist eindeutig, wenn der Impuls mit der elektromagnetischen Wellenlänge ergänzt wird s. Gleichung 256). Die 7 weiteren Längen dienen jedoch auch dazu andere Phänomene aufzuzeigen und zwar diese, dass das h` < h ist.

268) $h = mc * h/mc$		$= h$
269) $h = mc * (h4/m5yc^2)^{1/3}$		$= m^2y/c$
270) $h = mc * h^2/ym^3$		$= m^2y/c$
271) $h = mc * (h^2y/c4m)^{1/3}$		$= m^2y/c$
272) $h = mc * my/c^2$		$= m^2y/c$
273) $h = mc * (h^3/m4cy)^{1/2}$		$= m^2y/c$
274) $h = mc * (hy^2m/c5)^{1/3}$		$= m^2y/c$
275) $h = mc * (h^3y/m^2c5)^{1/4}$		$= m^2y/c$

Die Planckmasse ist wie eingangs schon beschrieben eine eigentümliche Größe, da sie trotz ihrer schweren Erscheinung empirisch nach meiner Kenntnis noch nicht nachgewiesen wurde. Als theoretisches Modell definiert sie zusammen mit der Protonenmasse die Zahl $Z_{-20} =$. Die Zahl Z-20 kann jedoch auch so angeschrieben werden $Z_{-20} = (m^2y/hc)^{0,5}$. In dieser Form ist Z_{-20} „gebunden" an das Proton. In der vorigen an die Protonenmasse und die Planckmasse, wobei beide zum gleichen Ergebnis führen. Auch mit $((m^N y/hc)^{1/N-2}) / ((m^x y/hc)^{1/x-2})$ für $x = (1/N-1) - (1/N)$ ist die Zahl Z_{-20} herzuleiten. Mit $N = 0,5$ und $x = -4$ (Exponent) im Verhältnis der o.g. Formel ist Z-20 auch teilweise mathematisch, also aus der Zahl begründet. Welche Form würde Ockham favorisieren und welche Physiker die Ockham bevorzugen.

Verbindung von Schwere-Träge und Unschärfe I

Die Träge – Schwere und die Unschärfe kann man anhand der folgenden exponentiellen grundlegenden Überlegungen zusammenfassen.

Träge und Schwere

Aus

275) 10^{-27}kg $* (10^{-20})^2 = 10^{-66}$kg

276) 10^{51}kg $* (10^{-20})^2 = 10^{12}$kg

277) $10^{51}/10^{-27} = 10^{12}/10^{-66} = 10^{78}$ s. Bild 6

Bilden sich die Massen wie in Bild 6 dargestellt, gilt.

278) $a_s = a_t \rightarrow$ $m = (hc/y)^{1/2}$ $=$ Bestimmt, Konstante

279) $l/t^2 = ym/r^2 \rightarrow$ $m = V/yt^2$ $=$ Unbestimmt

Aus der Planckkonstanten ergibt sich

280) $h = m^2 y/ c$ bezogen auf die Träge und Schwere

Die Heisenbergsche Unschärferelation lautet:

281) $h \approx \Delta p\, \Delta q$ (W.H)

282) $h \le \Delta p\, \Delta q$ (heute, z.T mit Bruchzahl)

Die beiden Deltapaare dürfen insgesamt als Produkt nicht kleiner werden als das Planksche Wirkungsquantum. Die Frage lautet, gilt diese Aussage nur für ein bewegtes und damit unbestimmtes System, oder auch für ein konstantes System?

Im Teilchenbild lautet die Ausformulierung für die Wirkung.

283) $h \le \Delta mv\, \Delta l_w$

Hier darf das Deltaprodukt nicht kleiner werden als h.

Setzen wir für

 284) $l_w = h/mv$

ergibt sich

285) $h = h$

Gehen wir aber zu einem konstanten System über mit der konstanten Protonenmasse, der konstanten Lichtgeschwindigkeit und der Plancklänge, dann erhalten wir das gleiche Ergebnis wie bei der Träge und Schwere.

286) $h = mc\, (hy/c^3)^{1/2}$ $p\ l_{planck}$

287) $h = m^2 y/c$

Hier sind wir an einem Punkt, in dem vielleicht dem Leser verständlich wird, warum ich zuvor manchmal auf Ockham verwies, der von den Physikern gerne ins Feld geführt wird.

Gleichung 286) ergibt $10^{-34} \ge 10^{-27} * 10^8 * 10^{-35} \ge 10^{-54}$ die Forderung ist nicht eingehalten, bei der Protonenmasse. Für die nicht empirisch nachgewiesene Planckmasse wäre die Forderung eingehalten. Mit der Planckmasse ergibt Gleichung 287) $10^{-34} = 10^{-8} * 10^8 * 10^{-34} = 10^{-34}$ die Forderung wäre mit m_{pl} erfüllt. Nicht abe für $m_{pr.}$

Dies bedeutet, dass sich bei allen Massen die außerhalb des elektromagnetischen Spektrums (l_{dB}) bilden und kleiner der Planckmasse sind, eine kleinere Wirkung entstehen kann. Ob dies dann eine reine Länge ist, z.B. 10^{-54}m oder 10^{-15}m $/10^{39}$, ist noch offen, aber es ist anzunehmen, dass der Teil 10^{-54} m, 10^{39} mal unbestimmt in den 10^{-15}m enthalten ist, entsprechend einem Maßstab mit den Teilungen mm, cm und z.B. die de-Broglie-Wellenlänge als Grundmeter.

Gleichung 287) definiert, dass mit der Planckmasse das Wirkungsquantum erfüllt ist. Damit wäre das Wirkungsquantum auch auf der rechten Seite der Gleichung konstant. Mit der Protonenmasse ergäbe sich eine kleinere Wirkung, wie auch schon zuvor dargestellt.

Die Überführung der wechselseitigen Träge-Schwere und Unschärfe mit der Gleichung h = m²y/c kann nicht wie der Heisenbergschen Annahme des bewegten Parameter gelingen, sondern nur, wie gezeigt, mit konstanten, welche zu anderen Massen führt.

Die Verbindung von träger und schwerer Masse und der Unschärferelation II

Wie eingangs gezeigt lautet die Normalbeschleunigung, der man die Trägheit zuordnen kann $a = l/t^2$. Ebenso hat die Intensität des Schwerefeldes die Form $a = ym/r^2$. Stellt man auf die Quantenebene ab mit $l_{dB} = h/mc$, ergibt sich für die Trägheit $a_t = mc^3/h$ und für die Schwere $a_s = ym^3c^2/h^2$. Setzt man beide Gleichungen ins Verhältnis ist es offensichtlich, dass man nach der variablen Masse auflösen will, um die Planckmasse zu erhalten. Löst man aber nach der Konstanten h auf, so ergibt sich das Ergebnis $h = m^2y/c$. Die Versuchung ist gegeben nur die Planckmasse als Ergebnis anzusehen. Jedoch zeigt sich durch die gezeigten Massenpaare über die Wirkung, dass die Gleichung mehrere Lösungen beinhaltet m_x und m_z. Die obige Gleichung folgt dann der Form $h = m_x m_z y/c$ und lässt für die Massen$_{xz}$ mehrere Ansätze zu und zwar aus $a_1/a_2 = m^2y/hc = Z$. Was ist das Ergebnis zweier Verhältnisbeschleunigungen? Einerseits ist es die Masse mit $m = (hc/y)^{1/2}$ bzw. $m^2 = hc/y$ und die Wirkung mit $h = m^2y/c$. bzw. $h = m_x m_z y/c$. Dies wäre die Begründung für die Träge und Schwere.

Die Unschärferelation bezieht sich auf $h \approx \Delta p\,\Delta q$ in der Originalform von W.Heisenberg. In der heute üblichen Form zeigt sich $h/4\Pi \leq \Delta p\,\Delta x$. Für Δp kann man in der Ruheform mc und für Δx die Plancklänge einsetzen. Dann ergibt sich durch die Ruheform ohne $h/4\Pi \leq mc\,(hy/c^3)^{1/2}$. Lösen wir auf zu $h^2 \leq m^2c^2 hy/c$, so ergibt sich $h \leq m^2y/c$. Also die fast gleiche Form wie bei der Träge und Schwere, allerdings in Bezug zu einem Impuls und einer Länge, die folglich zu einer Wirkung führt. Wie schon gezeigt, sind jetzt Massenpaare möglich wie die Planckmasse, m_{-27} und m_{+12} oder auch m_{+51} und m_{-66} und andere.

Es ist noch folgendes Problem. Bei der Betrachtung der Träge und Schwere haben wir angeschrieben $h = m^2y/c$ und bei der Unschärferelation $h \leq m^2y/c$. Auf der rechten Seite sind beide Terme gleich zu h. Nur das Gleich und Größer-Gleichzeichen ist verschieden. Dies bedeutet bei (=), dass die Massenpaare $m^2 = m_x m_z = m^2_{pl}$ ergeben müssen und bei $\leq$ können die Massenpaare $m_x m_z \geq m^2_{pl}$ nur diese Größe annehmen.

Dies bedeutet auch bei den Massenpaaren, dass kein Paar ob gleich oder größer gleich, kleiner als die quadrierte Planckmasse sein kann. Damit wäre zum Beispiel ein Massenpaar wie das Elektron und das Proton (Wasserstoffatom) ausgeschlossen, da es als Paar zu einem kleineren h über m^2y/c führen würde. Hier eröffnen sich zahlreiche Fragen. Gelten die Massenpaare nur innerhalb eines Grundtones, wie hier z.B. des Proton, denn die Grundmasse des Elektron beträgt $m_x = 10^{-31}$kg und die auf demselben Weg hergeleitete Masse $m_z = 10^{15}$kg als Ergänzung zur Planckmasse.

Es ist ein Ergebnis mit der Planckmasse, welches eine Gültigkeit besitzt, jedoch sollen tatsächlich kleinere Massen nicht dem Wirkungsquantum unterstellt sein. Dies erscheint unglaubwürdig.

Wir haben eingangs um die Zahlen darzustellen bei der Planckmasse die grundlegenden Verhältnisgrößen mit $Z_1 = -10^{-8kg}/10^{12}$kg; $Z_2 = 10^{-35}$m$/10^{-15}$m; und $Z_3 = 10^{-43}$s$/10^{-23}$s aufgelistet, die dann zu 10^{-20} führen. Für $m * l * t$ ergibt sich mit diesen Größen die Zahl $(10^{-20})^3$. Die zwei Beschleunigungen $a_{spr,tpr}$, aber auch a_{Planck} ergeben ebenfalls Zahlenverhältnisse $Z_4 = a_{tpr}/a_{Planck} = Z_{-20}$, $Z_5\,a_{spr}/a_{tpr} = Z_{-40,39}$, und $Z_6\,a_{spr}/a_{Planck} = Z_{-60}$.

Aus den beiden oben genannten Beschleunigungen, Trägheitsbeschleunigung und Schwerefeldbeschleunigung ergibt sich dann die Zahl:

a.) $Z = m^2y/hc$

b.) $Z\,h = m^2y/c$

c.) $Z/m^2 = hc/y$

Es ergibt sich die Zahl Z aus den Verhältnissen zu Z_{1-6}, aus dem vorhergehenden Absatz.

Wenn man die Zahlen nun als Korrektiv aus den Verhältnissen von l, t und a zuden Gleichungen a,b,c) einfügt, dann ist die Zahl eine „normale" Zahl im herkömmlichen Sinne, im erweiterten Sinn aber auch eine Zahl mit einer Einheit behaftete, die sich aus l,t,a ergibt.

Wenn wir in a.) zwei Protonen mit $(10^{-27})^2 = m^2$ einsetzen, so erhalten wir ein Z mit 10^{-40}. Um die Träge, Schwere und Unschärfe einzuhalten müsste $m^2 = (10^{-8})^2$

aber $Z = 1$ sein. Ein Unterschied zwischen 1 und 10^{-40} bzw. 10^{39} ist erheblich. Einen direkten Zugang zu der Zahl würde das Produkt aus den Verhältnissen l und t aus obiger Darstellung von 10^{-20} ergeben oder direkt das Verhältnis von $a_{spr}/a_{tpr} = Z_{-40,39}$.

Betrachten wir Gleichung c.) dann besteht der Term rechts neben dem Gleichheitszeichen aus den Konstanten hc/y und die linke Seite aus Z/m^2. Für $Z = 1$ erhalten wir die Planckmasse. Für kleinere Massen als die Planckmasse ein $Z > 1$ und für größere Massen wie die Planckmasse ein $Z < 1$. Wie schon zuvor genannt, generieren sich die Z`s als die Längen, Zeit und Beschleunigungsverhältnis bei einer Massenschau.

Ein zusätzlicher Beweis zur Träge und Schwere

Wir gehen wie immer in dieser Darlegung von der Protonenmasse aus.

10^{-27}kg

Wir bestimmen die Schwerefeldbeschleunigung

$a_s = ym^3c^2/h^2$ $= 10^{-8}$ m/s²

Dann die Trägebeschleunigung

$a_t = mc^3/h$ $= 10^{31}$m/s²

Ebenso das Kleinteilchen des Proton

m_{pr}^3y/hc $= 10^{-66}$kg

Der gleiche Durchgang am Kleinteilchen

10^{-66}kg

Wir bestimmen die Schwerefeldbeschleunigung

$a_s = ym^3c^2/h^2$ $= 10^{-125}$ m/s²

Dann die Trägebeschleunigung

$a_t = mc^3/h$ $= 10^{-8}$m/s²

Ebenso das Kleinteilchen des „Kleinteilchen-bzw. Raum-Volumenteilchen".

m^3y/hc $= 10^{-183}$kg

Jetzt bestimmen wir zum Kleinteilchen Proton das Grundteilchen.

$(m_{klProton} \, hc/y)^{1/3}$ $= 10^{-14}$kg

Wir bestimmen die Schwerefeldbeschleunigung des Grundteilchen

$a_s = ym^3c^2/h^2$ $= 10^{+31}$ m/s²

Dann die Trägebeschleunigung

$a_t = mc^3/h$ $= 10^{+64}$m/s²

Ebenso das Kleinteilchen das Proton

m_{-14}^3y/hc $= 10^{-27}$kg

Mit dem Ansatz aus der Protonenmasse ergibt sich eine Schwerefeldbeschleunigung von 10^{-8}m/s², die dem Kleinteilchen zuzuordnen ist. Das Kleinteilchen mit 10^{-66}kg ergibt eine Trägheitsbeschleunigung ebenfalls mit 10^{-8} m/s². Der gleiche Vorgang ergibt sich beim Proton mit einer Trägheitsbeschleunigung von 10^{31}m/s² und beim Grundteilchen zum Proton von 10^{-14}kg als Schwerefeldbeschleunigung mit der gleichen Größe. Hiermit ist klar, dass die Träge und Schwere gleich ist, und zwar in Bezug auf die entsprechenden Massen wie $m = m^3y/hc$

Es könnte sein, dass mancher davon ausgeht, dass die gesamte Betrachtung auf der gezeigten Grundlage (s. Umschlag) eine Schleifendarstellung sei. Dies muss, dann aber gegenüber einer symmetrischen bzw. super- symmetrischen Gegebenheit auf den genannten Größen gegenübergestellt werden.

Bevor wir zum Urton kommen noch eine Begebenheit, die sich nachweislich in der Träge und Schwere aber auch in der Unschärfe ergeben muss

Gleichheit von träger und schwerer Masse am Kleinteilchen

Wie schon gezeigt, erhalten wir die Energiedichte mit der Formel $p_E = hc/l^4$. Setzen wir kurze Längen ein, erhalten wir hohe Energiedichten. Setzen wir lange Längen ein erhalten wir niedere Energiedichten. Mit $p_E = hc/l_{24}^4$ erhalten wir eine geringe Dichte von $10^{-122} J/m^3$. Multiplizieren wir mit dem zugehörigen Volumen$_{72}$, so erhalten wir ein Quant der Größe $10^{-50} J$, was einer Masse von $10^{-66} kg$ entspricht. Dieses Quant, diese Masse ist autark im Volumen$_{72}$. Multipliziert man dieses Quant mit den grundlegenden Beschleunigungsformeln $a_t = mc^3/h = 10^{-8} m/s^2$ und $a_s = ym^3c^2/h^2 = 10^{-125} m/s^2$, zeigt sich, dass die träge und schwere Masse des autarken Kleinteilchen im Volumen$_{72}$ gleich ist, und zwar dann, wenn sich die Schwerefeldbeschleunigung $a = 10^{-125} m/s^2$ auf das gesamte Volumen erstreckt. Zieht sich nun die Schwerefeldbeschleunigung zur trägen Beschleunigung auf ein Raumgebiet des Protonenvolumens zusammen, so zeigt sich die Größe $10^{-125} m/s^2 * 10^{+117} = 10^{-8} m/s^2$. Wir erhalten aus der Schwerefeldbeschleunigung des Kleinteilchen erstreckt über das Raumgebiet$_{72}$ die Trägheitsbeschleunigung des Kleinteilchen. Dann hat jedes in einem verdichteten Protonenwürfel ($10^{72}/10^{-45} = 10^{117}$) sich befindende Quant die träge Beschleunigung von $10^{-8} m/s^2$ und die Träge und Schwere des Kleinteilchen wäre theoretisch nachgewiesen.

Tabelle 50	Verbindung von Träge, Schwere und Unschärfe							
Nr.	Länge	L	T	m	Z	l^2	$l_1 * l_2$	m^2	$m_1 * m_2$
1	my/c^2	1,24E-54	4,1E-63	1,78E+12	1,06E+39	1,64E-69	-54 * -15	2,98E-15	-27 * 12
2	$(hy^2m/c^5)^{1/3}$	1,27E-41	4,2E-50	1,74E-01	1,02E+13	1,64E-69	-41 * -28	2,98E-15	-1 * -14
3	$(hy/c^3)^{1/2}$	4,05E-35	1,4E-43	5,46E-08	1,00E+00				
4	$(h^2y/c^4m)^{1/3}$	1,29E-28	4,3E-37	1,71E-14	9,80E-14	1,75E-30	-28 * -2	2,80E-54	-40 * -14
5	$(h^3y/m^2c^5)^{1/4}$	2,31E-25	7,7E-34	9,55E-18	3,07E-20	1,75E-30	-54 * +24	2,80E-54	-47 * -8
6	h/mc	1,32E-15	4,4E-24	1,67E-27	9,40E -40	1,75E-30	-35 * +4	2,80E-54	-66 * +12
7	$(h^4/m^5yc^2)^{1/3}$	1,35E-02	4,5E-11	1,64E-40	9,02E-66				
8	$(h^3/m^4cy)^{1/2}$	4,31E+04	1,4E-04	5,13E-47	8,83E-79				
9	h^2/ym^3	1,41E+24	4,7E+15	1,57E-66	8,30E-118				

Das Längensystem in der Tabelle 50 ist geordnet von kurz nach lang. Es fällt auf, dass man die Struktur ähnlich einem Gitarren-Griffbrett ablesen kann. Die Längen wurden oft dargestellt. Was bedeuten Sie zu unserer Formel $h = m^2y/c$. Nach Ockham lautet die Planckmasse $m = (hc/y)^{1/2}$. Wenn wir aber $hc/y = m^2$ anschreiben, bekommen wir Massenpaare, die sehr unterschiedlich sein können als Produkt aber immer die quadrierte Masse ergeben muss die dann zur Planckmasse führt. Es wird offensichtlich sein, dass es zahlreiche solche Massenpaare geben muss, aber ein solches Paar wird ausgezeichnet sein, nämlich das des Protons und des zugehörigen Kleinteilchens, da ja dieses Teilchen am meisten im Kosmos vorkommt. Die kleinste Länge ist strukturiert nach dem Protonen-Schwarzschildradius. Das Produkt ergibt l_{db}^2. Mit $h = m^2y/c$ und $m = h/lc$ ergibt sich $h = l^2 c^3 /y$, eine Darstellung die sich auch schon unter $i = A/y = h/c^3 = m/a$ gezeigt hat. Mit Ockham ergäbe sich die Plancklänge. Doch mit $h = l^2 c^3 /y$ eröffnet sich die Möglichkeit mit 2 Längen oder sind es zwei Enden einer Länge, die 9 Längen in Beziehung zu setzen. In der Tabelle 51, sind 5 Flächen $A(l^2)$ dargestellt. Zwei über die Planckfläche ($10^{-54} * 10^{-15}; 10^{-49} * 10^{-28}$) und drei über die l_{dB}^2 des Proton ($10^{-28} * 10^{-2}; 10^{-54} * 10^{+24}; 10^{-35} * 10^{+4}$). Diese zwei Längenpaare definieren als Produkt eine Fläche, aus der dann die zugehörige Große abzuleiten ist. Grundlage ist $h = l^2c^3 /y$ welche aus $h = m^2y/c$ hergeleitet werden kann. Die fünf Massenpaare lauten ($10^{-27} kg * 10^{12} kg$ bzw. $10^{-1} kg * 10^{-14} kg$) für die Planckmasse und für das Proton ergibt sich ($10^{-40} kg * 10^{-14} kg$, $10^{-47} kg * 10^{-8} kg$, $10^{-66} kg * 10^{12} kg$). Auch hier führen diese Paare zu einer Lösung. Weshalb die Natur dies so einrichtete, sei noch dahingestellt, doch die Massenpaare ($10^{-27} kg * 10^{12} kg$ und $10^{-66} kg * 10^{12} kg$) haben eine gemeinsame Masse. Die Masse $10^{12} kg$. Mit dem ersten Term ist mit der Zahl 10^{39} ein Längenbezug verbunden. Mit dem zweiten Term ist mit der Zahl 10^{78} ein Flächenbezug verbunden. Sämtliche Denkarten gründen bei den zwei physikalischen Prinzipien der Träge, Schwere und der Unschärfe auf den Planckeinheiten, die immer ihre Gültigkeit besitzen werden.

$$288)\quad m_{pl} = \sqrt{\frac{hc}{y}}$$

$$289)\quad l_{pl} = \sqrt{\frac{hy}{c^3}}$$

Die Planckzeit leitet sich mit c aus der l_{pl} ab weshalb sie nicht extra aufgeführt wird. Sollte man mit der Bibel sprechen, so sind diese beiden Formeln zwei Felsen im gesamten biblischen und naturwissenschaftlichen Denken. Sie sind nach Ockham unumstößlich. Führen wir sie aber zurück zum Namen der Konstanten, die den Einheiten ihren Namen gegeben haben, so entdecken wir einerseits das Prinzip einer Gitarrensaite (9 Längen im Maßstab) und die möglichen Produkte aus zahlreichen Längen, in denen jedoch zwei vorherrschen. Die Planck- und die Protonenlänge als „aufgelöste" Form.

290) $h = m^2 y/c$

291) $h = l^2 c^3/y$

Mit diesen beiden grundlegenden Formeln gelingt es, die Schwere, Träge und Unschärfe zunächst in einem konstanten System zu verbinden. Dass die beiden Gleichungen 288) und 289) zum Elementarsten gehört, was es in der Physik gibt, ist unbestritten. Jedoch gehören zu Gleichung 290) Massenskalen z.B. 10^{-27}kg $* 10^{12}$kg oder zu Gleichung 291) Längenskalen wie $10^{-54} * 10^{-15}$; $10^{93} * 10^{24}$ (Planckfläche 10^{-70}m²) und $10^{-35} * 10^4$; $10^{-28} * 10^{-2}$ (Protonenfläche 10^{-30}m²), deren Bedeutung abschließend noch nicht geklärt sind, aber im Ansatz als Hinweis dargestellt wurden. Um darzustellen, was mit nicht ausformuliert gemeint ist. Die Planckfläche mit 10^{-93}m $* 10^{24}$m $= 10^{-70}$m² kann jedoch wie zuvor aufgelöst werden mit $10^{-79} * 10^{-15}$m $* 10^{39} * 10^{-15}$m $= 10^{-40} * 10^{-30}$m². Wenn wir den linken Term, das Produkt dieser Gleichung nicht zusammenführen, dann haben wir die Möglichkeit aus den oben genannten Skalen die Protonenfläche abzubilden, wobei die Zahl eine besondere Rolle spielt. Die Längen z.B. 10^{-28} und 10^{-2} oder 10^{24} und 10^{-54} sind keine autarken Einzellängen, sondern die Längenpaare bilden Skalen auf einem längendefinierten «Naturgriffbrett".

Um dies zu verdeutlichen, sind hier nochmals einige Tabellen angeführt, um gegenüber den beiden o.g. Formeln einen besseren Überblick zu gewährleisten.

Tabelle 50	l^2 (A) zu $h = l^2 c^3/y$ s.o. (A = s.Nr.1/Nr.2; Nr.1/Nr.3 etc.)			
Nr.	Länge	l_1	A (Nr1 * Nr2/3 etc)	l_2
1	my/c²	1,24E-54	1,6E-95	4,0E-48
2	(hy²m/c⁵)^0,333	1,27E-41	5,0E-89	7,1E-45
3	(hy/c³)0,5	4,05E-35	1,6E-82	1,3E-41
4	(h²y/c⁴m)^0,333	1,29E-28	2,9E-79	5,4E-40
5	(h³y/m²c⁵)^0,25	2,31E-25	1,6E-69	4,1E-35
6	h/mc	1,32E-15	1,7E-56	1,2E-28
7	(h⁴/m⁵yc²)^0,3333	1,35E-02	5,4E-50	2,3E-25
8	(h³/m⁴cy)^0,5	4,31E+04	1,7E-30	1,3E-15
9	h²/ym³	1,41E+24		

  Die Formel $h = l^2 c^3/y$ ist in den Längengrößen der Tabelle nur mit den Nummern 5-9 mit l_2 eingehalten. Es gibt einige Varianten, deshalb soll vorerst wegen der Übersichtlichkeit nur die Tabelle 52 dienen. Es ist eindeutig, dass alle Werte, die größer als die Planckfläche sind, die Konstante h einhalten und diejenigen, die kleiner sind, halten die Größe der Konstante h nicht ein. Daraus folgt: Gibt es in der Natur keine kleineren Längen als die Plancklänge? Die Frage ist, sind diese Größen „Einzelgrößen" oder sind Sie zusammengefasst? Der Schwarzschild-Radius, die Plancklänge, die Strukturlänge 1+2, die Wellenlänge$_{dB}$ und die anderen Längen. Wenn es Einzelgrößen wären, dann müsste in jeder gezeigten Formel eine andere Masse verwendet worden sein. Dann könnte man davon ausgehen, dass es Einzelgrößen sind. Durch die Verwendung der Protonenmasse oder der Kleinteilchenmasse, in einer weiteren möglichen Betrachtung, müssen Bezüge von einer Länge zur anderen Länge gegeben sein. Wie sind nun die Längengrößen zu sehen. Wie Eingangs formuliert, wäre es möglich, dass man sich einen Meterstab vorstellt, mit der Länge von 10^{24}m, der durch die Längen von 1-8 strukturiert ist. Wir hätten vergleichbar wie bei einem Meterstab 1m, 1dm, 1cm und 1mm, nicht vier Längen, sondern 9 Längen, allerdings eben in anderen Größen, die von sehr klein bis sehr groß vorzufinden sind. Desweiteren stellt sich die Frage, ob die Grenze der Plancklänge sich nur auf die Wellenlänge bezieht und die dargestellten Volumen- und Strukturlangen kleinere h`zulassen?

Tabelle 51	$h = m^2 y/c$		$m = (Zhc/y)1/2$		
Verhältnis	Z = Zahlauswahl		Massenauswahl $m = (Zhc/y)^{1/2}$		$(m_1 * m_2)$
Nr.9 / Nr.1	1,13E+78	8,83E-79	5,8044E+31	5,128E-47	2,98E-15
Nr.9 / Nr.2	1,11E+65	9,02E-66	1,8167E+25	1,6384E-40	2,98E-15
Nr.9 / Nr.3	3,47E+58	2,88E-59	1,0163E+22	2,9287E-37	2,98E-15
Nr.9 / Nr.4	1,09E+52	9,21E-53	5,6857E+18	5,235E-34	2,98E-15
Nr.9 / Nr.5	6,08E+48	1,65E-49	1,3448E+17	2,2133E-32	2,98E-15
Nr.9 / Nr.6	1,06E+39	9,40E-40	1,7795E+12	1,6726E-27	2,98E-15
Nr.9 / Nr.7	1,04E+26	9,60E-27	5,57E+05	5,3442E-21	2,98E-15
Nr.9 / Nr.8	3,26E+19	3,07E-20	3,12E+02	9,5527E-18	2,98E-15
Nr.9 / Nr.9	1,00E+00	1,00E+00	5,4557E-08	5,4557E-08	2,98E-15

Wenn man die Zahlen in der Tabelle 51, (Zahlauswahl) als „AUTARK" betrachtet, so können jeder Zahl und ihrem inversen Wert zwei Massen zugeordnet werden, deren Produkt der quadrierten Planckmasse entspricht. Also jeder Zahl N bzw. 1/N können Massen zugeordnet werden, deren Produkt die quadrierte Planckmasse darstellt. Warum sich diese Massen vorwiegend im Proton bilden, ist noch ungewiss.

Nochmal zu den Längen. Die Längen 10^{-54}m und 10^{-15}m ergeben als Produkt die Planckfläche. Dies Ergebnis kann sich aus der Einzellänge ergeben, wie auch z.B. bei 10-41m und 10-28m. Es ist aber auch möglich, dass die Protonenwellenlänge mit der elementaren Zahl 10^{39} (10^{13}) so strukturiert wird, dass auf der Protonenwellenlänge $10^{39} * 10^{-54}$m- Abschnitte entstehen. Hierdurch entsteht eine bessere Wahrscheinlichkeit, einen kleinen Abschnitt zu „finden". Vergleicht man die strukturierte Protonenwellenlänge mit einem 2-m Masstab eines Zimmermann, so werden die Latten, Balken, Sparren nicht von 0 eingeteilt, sondern sie werden anhand der strukturierten Gesamtlänge eingeteilt, da dies genauer ist und die Gesamtlänge (Protonenwellenlänge) wird dadurch immer eingehalten. Gleiches muss bei dieser Strukturierung erfolgen. Bei der Plancklänge ergibt sich 10^{-15}m/ $10^{19} = 10^{-35}$m, oder 10^{-15}m/$10^{13} = 10^{-28}$m. Entsprechendes gilt für die Masse, denn es wurde ja empirisch nachgewiesen, dass sich im Proton weitere Strukturen existieren (Quarks, Binteilchen, Quarksee etc.).

Allgemeine Ergänzungen in loser Folge

- **Elementare Längen**

Es gibt zwei elementare Längen, die Wellenlänge nach de Broglie und die Plancklänge.

292) $l_{dB} = h/mc$

und

293) $l_{Pl} = (hy/c^3)^{1/2}$

mathematisch kann man für beide Längen anschreiben

294) $l = x_2 - x_1$

Für die Unschärferelation kann man anschreiben, wenn $\Delta q = \Delta l$

295) $h \leq \Delta p\, \Delta l$

Setzt man obige Gleichungen in die Unschärferelation ein und ersetzt man Δp mit mc, ergibt sich

296) $h \leq mc\, h/mc$

297) $h = h$ für die de Broglie Wellenlänge

298) $h \leq mc\, (hy/c^3)^{1/2}$

299) $h \leq m^2 y/c$ für die Plancklänge

Wenn beide Längen mathematische Längen wären, dann gäbe es gleiche Wirkungen. Diese sind aber verschieden, denn durch das einmalige Einsetzen eines Proton, bzw. das Einsetzen einer größeren Masse als die Planckmasse, wäre die gezeigte Gleichung verletzt. Warum ergibt sich <u>nicht</u> für die Plancklänge als elementare Länge auch $h = h$, so wie bei der dB- Wellenlänge? Ist die de-Broglie Wellenlänge bedeutsamer in der Unschärferelation als die Plancklänge? Ist die Unschärferelation nur auf die de-Broglie Wellenlängen der einzelnen Teilchen begrenzt?

- **Anfangsgrundlagen**

Die anfänglichen Grundlagen

Urton vor dem Urknall	$10^{-93} = 10^{-79} * 10^{-15}$m oder 10^{-93}m $* 10^{78} = 10^{-15}$m
	$1/N$…. $1/5, 1/4, 1/3, 1/2, 1\ 2\ 3\ 4\ 5\ N/1$
$1/N$	das Kleine
$N/1$	das Große
$x = 1/N\text{-}1 - 1/n$	Letzter Oberton
Y	6,6738E-11
C	299792458
H	6,62607E-34
	Unbewegt - Bewegt
Mpr	Definition Ruhe und was daraus folgt ausschließlich mit Masse
$(hc/y)^{1/2}$	Planckmasse Was ist die Planckmasse
$mpr/(hy/c)^{1/2}$	Zahlpl1 Grundlage zwischen Theorie und Praxis
h/mc	Wellenlänge de Broglie
$(hy/c^3)^{1/2}$	Plancklänge
$Z * l_{dB}$	

- **Formeln des Verfasser**

Verwendete wesentliche Formeln des Verfassers

300) $V = iyct$

301) $V = myt^2$

302) $Z = m/(hc/y)^{1/2}$

303) $Z = m^2 y/hc$

304) $m = ia$ $i = h/c^3 = A/y = m/a$

305) $a_t = mc^3/h$

306) $a_s = ym^3c^2/h^2$

307) $m_1 = m_2{}^3y/hc$

308) $m_{N(x)} = (m^{N(x)}y/hc)^{1/N(x)-2}$

309) $x = 1/N{-}1 - 1/N$

310) $m = V^2/t^3 * c^2/y^2h$

311) $l = (h^4y^2t^3/c^5m_{pr}{}^2)^{1/9}$

312) $l = (hy^2m/c^5)^{1/3}$

313) $l = (hy/c^3)^{1/2}$

314) $l = (h^2y/c^4m)^{1/3}$

315) $l = (h^3y/m^2c^5)^{1/4}$

316) $l = (h^4/m^5yc^2)^{1/3}$

317) $l = (h^3/m^4cy)^{1/2}$

318) $l = h^2/ym^3$

• Rudimentärer die Plancklänge oder die Planckzahl?

Was ist rudimentärer?

Die Plancklänge $= (hy/c^3)^{1/2}$ oder

die Planckzahl $*$ dB-Länge $= (m^2y/hc)^{1/2} * h/mc$

• Axion, Wimps etc. welche Größe?

Axionen, Wimps, Multiuniversen, Kaluza-Klein-Kleinteilchen, Halo, Austauschteilchen der Quantengravitation.

Die im allgemeinen Schrifttum geführte Diskussion über Axionen, Wimps, Qubits, Multiuniversen, Halos Austauschteilchen der Quantengravitation oder Kaluza – Kleinteilchen usw. kann ich nicht mit meinen vorgestellten Kleinteilchen und meinem Superuniversum abgleichen, da es von den genannten Teilchen des Schrifttum keine entsprechende Formeln für die Allgemeinheit gibt. Also fehlen mir zu den Axionen oder den Wimps fehlen mir nachvollziehbare Größenordnungen in der mir bekannten Literatur. Die im Buch vorgestellten Fakten gründen u.a. auf folgenden Formeln $V = iyct$ und $m = ia$ für die dunkle Materie. Die grundlegende Formel $m = ia$ basiert auf der Wechselwirkung zwischen physikalischen Konstanten $i = h/c^3$ und der Beschleunigung a. Die Formel $m_{Kl} = m_{Gr}{}^3y/hc$ aus einem zugehörigen großen Teilchen.

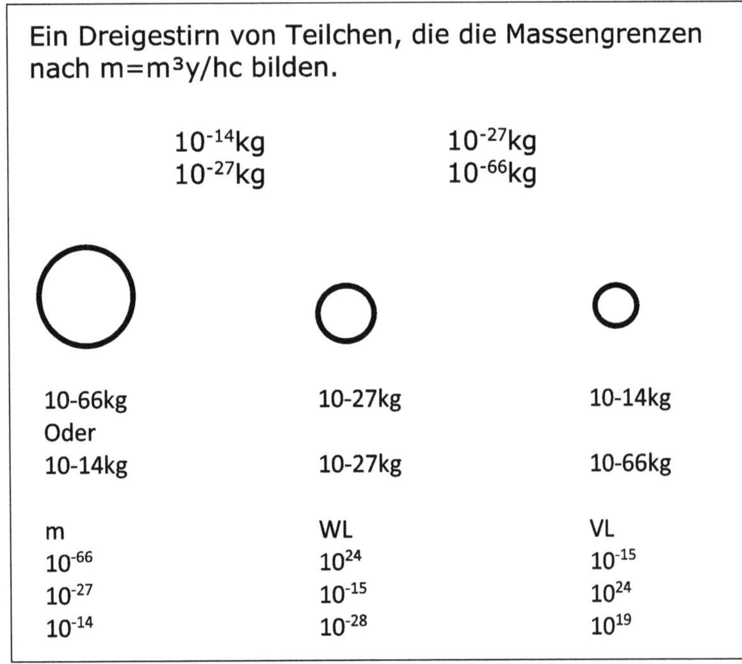

Bild 11: Grundteilchen-Mittelteilchen-Kleinteilchen

- ## Hubble- Protonenbeschleunigung

Tabelle 53	Größen aus a-Hubble und as (Proton)					
	a	T	m aus t	l_u	l_{pr}	m_u
Hubble	7,21E-10	4,15E+17	1,77E-68	1,24E+26	1,17E-13	1E+53
Proton	6,39E-08	4,68E+15	1,57E-66	1,40E+24	1,32E-15	1E+51

- ## Protonenbestandteile

Die bekannten Elemente des Proton bestehen aus:

1.) Ladung, 2.) Masse, 3.) Wellenlänge, 4.) magnetisches Moment, 5.) g-Faktor, 6.) gyromagnetisches Verhältnis, 7.) Spin, 8.) Isospin, 9.) mittlere Lebensdauer, 10.) 4 Wechselwirkungen, 11.) Zusammensetzung aus Quark

(entnommen aus Wikipedia)

In der vorgelegten Arbeit wurden einige Elemente erweitert, andere gekürzt. Desweiteren habe ich mich auf die für mich wesentlichen beschränkt (vergl. Körnung- Planum- Fundament- Rohbau- Ausbau = Gebäude)

1.) Masse

2.) Wellenlänge

 8 zusätzliche Längen

3.) Lebensdauer?

4.) Wechselwirkungen

5.) Zusammensetzung aus Kleinteilchen

- ## Werner Heisenberg

Originaltext aus: „Die physikalischen Prinzipien der Quantenmechanik von Werner Heisenberg"

… Eine andere einfache Ortsbestimmung lässt sich durchführen in einfacher Weise: Die Geschwindigkeit eines Elektron sei wieder **völlig bekannt**. Wir blenden einen Strahl möglicher Elektronenbahnen durch einen Schirm mit einem Spalt der Breite d aus

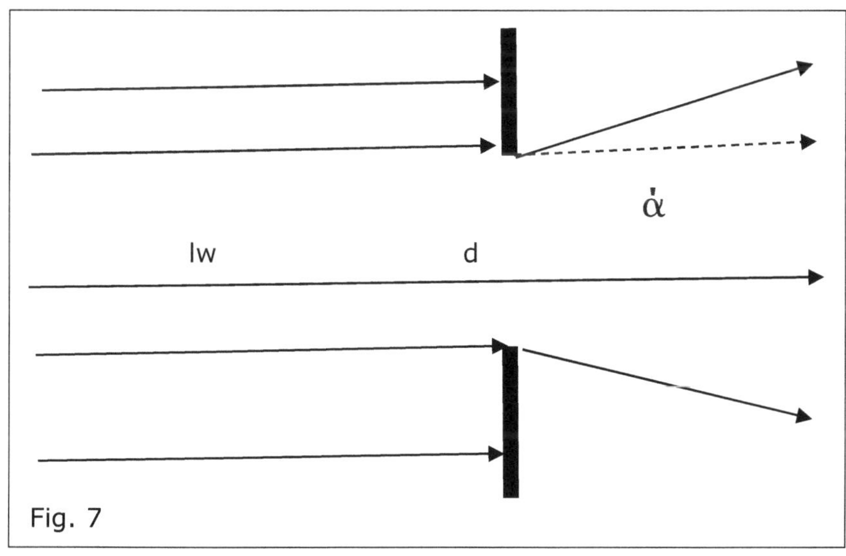

Bild 12: Unschärfe

Geht das Elektron durch den Spalt, so ist offenbar sein Ort in der Richtung parallel zum Schirm mit der Genauigkeit d festgelegt. Repräsentiert man das Elektron durch eine ebene Brogliewelle, so sieht man jedoch sofort, dass mit dem Ausblenden eines Strahls der Breite d eine Streuung verbunden ist. Der austretende Strahl hat einen Öffnungswinkel $\dot{\alpha}$, der nach den einfachsten Gesetzen der Optik durch

319) $\sin \dot{\alpha} \approx l_w / d$

gegeben ist (l_w = Wellenlänge der Brogliewellen). Also ist der Impuls des Elektron parallel zum Schirm nach Durchgang des Elektron durch den Spalt unsicher um den Betrag

320) $\Delta p = (h / l_w) \sin \dot{\alpha}$

da h/l_w der Impuls der Elektron in der Strahlrichtung ist. Es folgt aus $\Delta q = d$

320) $\Delta p * \Delta q \approx h$

Die Darstellung der letzten 5 Absätze von W. Heisenberg geht in seinem Buch noch weiter, aber es reicht, hier die „Originalgedanken" dessen darzustellen.

321) $\sin \alpha \approx l_w / d$

322) $\Delta p = (h/ \, lw) \sin \alpha$

- ## Ablenkung Beschleunigung

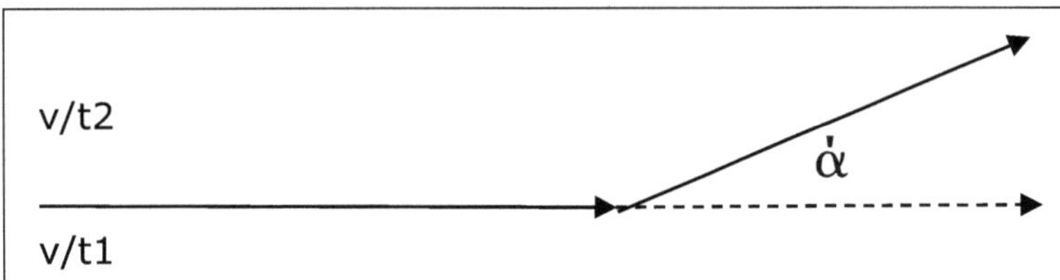

Bild 13: Ablenkung Beschleunigung

323) $\cos \alpha = v/t1 \, / \, v/t2$

324) $\cos \alpha = t2/t1$ $h \approx iac * l$

- ## Proton- Elektron

Die Berechnungen zum Proton sind auch am Elektron möglich, jedoch wäre auch eine Umrechnung zwischen dem Proton und dem Elektron anhand der grundlegenden Formel denkbar (s.Formel y_{1-4}).

Tabelle 54	Elektron und 8 elementare Längen vergl. Proton		
Elektron			
Nr.	**Länge**	**l**	**V**
l_1	h/mc	2,42631E-12	1,42836E-35
l_2	$(h^4/m^5yc^2)^{1/3}$	3714,10312	51234425729
l_3	h^2/ym^3	8,70301E+33	6,59186E+101
l_4	$(h^2y/c^4m)^{1/3}$	1,58513E-27	3,9829E-81
l_5	my/c^2	6,7643075E-58	3,0951E-172
l_6	$(h^3/m^4cy)^{1/2}$	1,45E+11	3,0685E+33
l_7	$(hy^2m/c^5)^{1/3}$	1,03555E-42	1,1105E-126
l_8	$(h^3y/m^2c^5)^{1/4}$	9,91438E-24	9,7453E-70
$mc^3/h =$	a_t	3,704206E+28	8,187105E-14
$ym^3c^2/h^2 =$	a_s	1,0326950E-17	
$m_{-31*}a_t =$	F_t	3,374303E-02	2,78790E-46
$m_{-31*}a_s =$	F_s	9,407214E-48	
	a_t/a_s	3,586931E+45	2,787899E-46
	F_t/F_s	3,586931E+45	2,787899E-46
m_{t1}	9,109383E-31	8,187105E-14	$F_{t*}l_1 = E$
m_{t2}	1,394430E-15	1,253251E+02	$F_{t*}l_2 = E$
m_{t3}	3,267473E+15	2,936658E+32	$F_{t*}l_3 = E$
m_{t4}	5,951249E-46	5,348716E-29	$F_{t*}l_4 = E$
m_{t5}	2,539604E-76	2,282482E-59	$F_{t*}l_5 = E$
m_{t6}	5,45570E-08	4,903338E+09	$F_{t*}l^6 = E$
m_{t7}	3,887905E-61	3,494275E-44	$F_{t*}l_7 = E$
m_{t8}	3,722273E-42	3,345412E-25	$F_{t*}l_8 = E$
m_{s1}	2,539604E-76	2,282482E-59	$F_{s*}l_1 = E$
m_{s2}	3,887529E-61	3,493936E-44	$F_{s*}l_2 = E$
m_{s3}	9,109383E-31	8,187105E-14	$F_{s*}l_3 = E$
m_{s4}	1,659148E-91	1,491168E-74	$F_{s*}l_4 = E$
m_{s5}	7,080159E-122	6,363329E-105	$F_{s*}l_5 = E$
m_{s6}	1,728871E-40	1,553832E-23	$F_{s*}l^6 = E$
m_{s7}	1,083909E-106	9,741684E-90	$F_{s*}l_7 = E$
m_{s8}	1,037732E-87	9,326670E-71	$F_{s*}l_8 = E$
	3,2675E+15		9,109383E-31

- ## SRT/ Beschleunigung

Die spezielle Relativitätstheorie gründet auf dem wesentlichen Ansatz der Lorentz Transformation, $t_b = t_0/(1-v^2/c^2)^{1/2}$ und führt mit $t = 1s$ und $v = 19\,000\,000$ m/s zum theoretischen Ergebnis von 1,00201 für die Zeitdehnung s,u,. Diese Daten wurden in Heidelberg empirisch bestätigt.

Das gleiche Ergebnis erhält man mit $Z = t_{hubble}/t_1$. Die Formel führt zum gleichen Ansatz wie bei der SRT-Gleichung, jedoch ist sie nicht im Ergebnis auf die Lichtgeschwindigkeit beschränkt, sondern bezieht durch die Hubble Beschleunigung.das gesamte Universum mit ein.

Tabelle 55	SRT/Beschleunigung	
t_1	4,31175E+17	$(c^2-v^2/a_{hubble}^2)^{1/2}$
t_2	1,51362E+17	
tu $_{prschw}$	4,68945E+15	
tu $_{hubble}$	4,32043E+17	c/a_{hubble}
	1,00201440377793E+00	tu_{hubble}/t_1

Die Formel für die dunkle Materie lautet $m = ia$. Setzen wir die grundlegende mittlere Beschleunigungsformel $a_{s,t}$ ein, so zeigt sich: $m = 10^{-47}$kg.

- ## Abgleichmöglichkeiten für den Urton

a.) In Spektrum der Wissenschaft 2.17 findet sich auf Seite 21 folgendes: „Daran ist wahrscheinlich der lokale Leerraum schuld. Leerräume expandieren wie aufgeblasene Luftballons; an ihren Rändern sammelt sich Materie, weil sie von verdünnten, zu verdichteten Regionen wandert und kosmische <Mauern> bildet. Letztendlich ist die Lokale Schicht eine Mauer des lokalen Leerraums, und dessen Expansion treibt uns weiter abwärts……"

Auf das Proton bezogen beträgt die mittlere Dichte des Univerum 10^{-21}kg/m³. Die mittlere Vakuumenergichte $p = hc/l^4_{24} = 10^{-122}$ J/m³. Dies entspricht einem Kleinteilchen 10^{-66}kg in einem Volumen von 10^{72}m³. Wenn nun unser kleines Universum, Bestandteil des Urton ist, dann müsste nach der obigen Beschreibung, aufgrund der unterschiedlichen Dichten (10^{-22}; 10^{-138} bzw.10^{-603}), an einem Teil unseres Universumrandes eine Massenzunahme gegenüber anderen Regionen zu beobachten sein. Wo sich unser Universum im Urton befindet, also am Rand, in der Nähe des Mittelpunktes, steht für eine Prüfung noch aus.

b.) Die spezielle Relativithätstheorie fußt bei der Massenzunahme auf der Geschwindigkeit. Die Formel $m = ia$ auf der Beschleunigung, und zwar muss es eine Beschleunigung von erheblicher Ausprägung sein. Ein Formel 1 Wagen generiert zu wenig Beschleunigung, eine Rakete, ein Floh? Die Sonne mit ihren Eruptionen, einmal vor der Eruption, einmal nachher, ebenso bei den Standardkerzen oder bei einem schwarzen Loch. Alle genannten Beschleunigungsformen sind bekannt und müssen nach der Theorie unter $m = ia$ stehen und entsprechend nachweisbar sein.

c.) Der Urzoom aus dem Urton ist ein Symmetriebruch, in dem sich das Vakuum matrialisiert.

- ## Kosmologische Konstante

Die Geschichte der kosmologischen Konstanten ist bekannt. Nach Wikipedia lautet die Formel $\Lambda = 8\Pi y/c^2 * p_{vac}$. Der linke Term rechts des Gleichheitszeichen ist ein konstanter, dann folgt die Vakuumdichte auf der Grundlage der Materie. Wenn man die obige Energiedichte von 10^{-122} J/m³ mit dem gedehnten Protonenvolumen V_{72} ergänzt, erhält man ein Energiequant von 10^{-50}J oder eine Masse von 10^{-66}kg und zwar ein einziges Quant in einem solchen Volumen$_{72}$. Da die Gesamtenergie bei rund 10^{68}J liegt, benötigen wir, um aus dieser geringen Energiedichte unsere Masse unseres Universum abzuleiten, ein Volumen von 10^{190}m³. Dies ergibt eine Koordinate (Würfel) von 10^{63}m. Diese Länge ist wieder wie auch schon zuvor gezeigt aus $10^{39} * 10^{24}$m zusammengesetzt. Die Länge 10^{63}m kann auch formal wie ein Kamm strukturiert sein. Ein Rücken mit einer Länge von 10^{24}m an dem sich 10^{39} Zähne (Abstand Protonenwellenlänge) anlegen. Die drei Längen stehen wie ein Koordinatensystem vollkommen symmetrisch gegenseitig aufeinander. Die übereinanderliegenden „Zähne" bilden dann formale Volumenwürfel, in denen jeweils ein Kleinteilchen sitzt. Es wurde eindringlich geschildert um zu zeigen, was 10^{63}m z.B. bedeuten kann.

Das Volumen von 10^{190}m³ hat eine Grundlänge von 10^{63}m. Diese Grundlänge kann als Einzellänge (Einheit) oder aus $10^{39} * 10^{24}$m zusammengesetzt betrachtet werden. Wir haben eingangs mit den Längenformeln zu 10^{-66}kg unnd 10^{-27}kg gezeigt, dass auf einer Länge$_{24}$ ein Kleinteilchen oder 10^{39} Kleinteilchen (Proton) „behaftet " ist.

Wie gezeigt, bestimmt sich aus der Vakuumenergiedichte von 10^{-122}J/m³ ein Energiequant mit 10^{-50}J / V_{72}. Daraus ergibt sich aus $10^{117} * 10^{-50}$J eine Energie von 10^{68}J

Befindet sich dagegen auf der Grundlänge l_{24} ein Kleinteilchen mit 10^{-66}kg $10^{39} * 10^{24}$m $= 10^{63}$m, so ergibt sich ein Proton. Man kann nun mit den beiden Formeln zu l_{24} verschiedene Gesamtberechnungen durchführen und die Massenbesetzungen pro Volumen bzw. pro Länge bestimmen. Folgendes halte ich jedoch für bedeutsam.

Für die Energiedichte gilt $p_E = hc/l^4$. Für das gedehnte Protonenvolumen erhalten wir $p_{vac} = hc/l_{24}^4$. Wenn man nun wissen will, wieviel Energie in V_{72} enthalten ist, so ergibt sich $E = hc/l_{24}^4 * V_{72} = 10^{-50}J$. Aus dieser Gleichung ergibt sich aber auch $E = hc/l_{24} = 10^{-50}J$. Es ergeben sich gleiche Ergebnisse. Die eine Lösung bezieht sich auf das $Volumen_{72}$ und die andere auf die Länge l_{24}. Eingangs und im Zusammenhang mit Ockham wurde darauf hingewiesen, dass uns Formelergebnisse auch Differenzen aufzeigen können, denn eine längenbesetzte oder Volumenbesetzte Masse kann zu falschen Schlüssen führen, wohlwissend, dass $10^{-50}J$ zwar das Gleiche sich zum einen aber auf das Volumen V_{72} bezieht und zum anderen auf die Länge, so dass die Längenmasse eine komprimierte Volumenmasse in diesem Fall darstellt.

Die reine Kosmologische Konstante aus der Wikipediaformel ergibt sich dann mit

A.)

326) $\Lambda = 8\Pi\ y/c^2 * p_{vac} = 8\Pi * 10^{-149} / s^2$
    $m^3\ s^2\ kg\ m^2\ m/\ kgs^2\ m^2\ ss\ m^4 = 1/s^2$
    <u>Energiebasis</u>

B.)

327) $\Lambda = 8\Pi\ y/c^2 * (p_{vac})/c^2 = 8\Pi * 10^{-165}/ m^2$
    $m^3\ s^2\ kg\ m^2\ m\ s^2/kgs^2\ m^2\ ss\ m^4 \qquad = 1/m^2$
    <u>Materiebasis</u>

Formel A.) und Formel B.) beziehen sich auf die Energie- und Massendichte des Quantes bzw. des Kleinteilchen im $Volumen_{72}$.

C.)

328) $\Lambda = 8\Pi\ y/c^2 * p_{vac} = 8\Pi * 10^{-32}/ s^2 \qquad p_{vac} = hc/(10^{-15})^3 * 10^{24}$
    Energiebasis

D.)

329) $\Lambda = 8\Pi\ y/c^2 * p_{vac} = 8\Pi * 10^{-48}/ m^2$
    Materiebasis

Formel C) und D.) bezieht sich auf die gleichmäßige Materiedichtedichte aus ($10^{51}kg/10^{72}m^3$) entspricht dem Universum bzw. der gedehnten Protonengröße.

E.)

330) $\Lambda = 8\Pi\ y/c^2 * p_{vac} = 8\Pi * 10^{87}/ s^2 \qquad p_{vac} = hc/(10^{-35})^4$
    Energiebasis

F.)

331) $\Lambda = 8\Pi\ y/c^2 * p_{vac} = 8\Pi * 10^{71}/ m^2 \qquad p_{vac} = hc/(10^{-35})^4$
    Materiebasis

Formel E.) und F.) entspricht den Ergebnissen aus der Planckdichte.

Bezogen auf $10^{-50}J$ im Volumen von $10^{72}m^3$, Bzw. nach einem Volumensymmetriebruch zur Länge l_{24}. Die Beobachtungen zur kosmologischen Konstante ergeben jedoch einen Wert von ca. 0,7. Dies würde bedeuten, dass es ca. 70% dunkle Energie geben würde.

Nach dem Schrifttum kann man für ein statisches Universum auch $\Lambda\ R^2 = 1$ setzen.

Setzt man den gedehnten Protonenradius $l = 10^{24}m$ ein, so erhält in Näherung die Größe in Gleichung D.).

Mit der Länge von

Tabelle 41

Nr. 12

$V = 1,2 * 10^{+248}\ m^3$

$l = 4,87 * 10^{+82,66}m$

oder

Tabelle 44 ($10^{-66}kg$)

Nr. 6

$l = (h^3/m^4cy)^{1/2} = 4,87 * 10^{+82} m$

$A = (4,87 * 10^{+82} m)^2 = 2,37 * 10^{165} m^2$

wäre ein Ergänzungsmass zu Gleichung B) mit $8\pi * 10^{-165} / m^2$ gegeben und eine Näherung zur Beobachtung von 0,7 vorhanden. $10^{82} m$ kann auch mit $(10^{39})^2 * 4,31 * 10^4 m$ angeschrieben werden und liefert damit Dimensionsbezüge. Das Produkt der großen und kleinen Zahl liefert einen Näherungswert im Bereich von 1 bis 2 Größenordnungen, je nachdem, wie die Vorzahlen (8π) berücksichtigt werden.

Eine grundsätzliche Frage eröffnet sich, wenn die Raumzeit, die Grundlage der allgemeinen Relativitätstheorie mit berücksichtigt werden soll, was ja dann auch grundsätzlich in der kosmologischen Konstante berücksichtigt werden müsste. Dem Verfasser ist keine andere Gleichung für die kosmologische Konstante als

$\Lambda = 8\pi y/c^2 * p_{vac}$ bekannt. Um auf das Ergebnis von $1/m^2$ kommen kann für die P_{vac} nur die Materiedichte berücksichtigt sein. Wie bei der Gleichung zur Vakuumenergiedichte kann man auf die Zahlbezüge vorerst verzichten. Dann ergibt sich für die Gleichung $\Lambda = ym/c^2 * 1/V$. Dies wäre die Formel des Schwarzschildradius (2) multipliziert mit 1/ Volumen und würde bedeuten, dass die Kantenlänge des zugehörigen Volumen nicht größer sein kann als der Schwarzschildradius. Der Schwarzschild-Radius gründet auf die Masse, die Konstanten und die Volumenkantenlänge hat vorerst einen geometrischen Bezug. Eine spezielle Untersuchung zwischen Schwarzschildradius und Kosmologischer Konstanten würde jetzt zu weit führen.

Kann es außerhalb der Materiedichte auch eine Energiedichte geben?

332) Materiedichte $\quad \Lambda_{mu} = 8\pi y/c^2 * p_{mvac} \qquad = $ rd. 10^{-22} kg/m³

333) Energiedichte $\quad \Lambda_{Eu} = hc/l_{24}{}^4 \qquad\qquad = $ rd. 10^{-122} J/m³

334) Energiedichte $\quad \Lambda_{Eu} = hc/l_{-35}{}^4 \qquad\qquad = $ rd. 10^{+114} J/m³

Der übliche Äquivalenzfaktor beträgt c^2. Was stimmt nicht? Die Universummasse beträgt zwischen 10^{51} und 10^{53} Kg. Das zugehörige Volumen zwischen 10^{72} und 10^{78} m³. Ich verwende immer die kleinen Größen, da sich diese aus dem Proton ableiten lassen.

Es gilt nun

335) 10^{-22}kg/m³ $* 10^{72}$m³ $\qquad\qquad = 10^{51}$kg

336) 10^{-122}J/m³ $* 10^{72}$m³ $= 10^{-51}$J $\qquad = 10^{-66}$kg

337) 10^{+114}J/m³ $* 10^{72}$m³ $= 10^{186}$J $\qquad = 10^{170}$kg alternativ
Zahl $10^{117} * 10^{51}$kg $= 10^{170}$ kg

Die Energiedichte mit dem Quant von 10^{-66}kg, also einem Quant, befindet sich in einem Volumen von 10^{72}m³. Welche Funktion hat dieses Quant, dieses Kleinteilchen? Diese Frage hat sich mir noch nicht voll erschlossen. Es könnte sein, dass es keine absolute Leere, also kein absolutes Nichts im physikalischen Sinne gibt, denn welche Längengröße man in hc/l^4 auch immer einsetzt, man erhält immer in irgend einer Form ein Quantum, ob ein Kleines oder Großes. Die Größe von 10^{170}kg weist dagegen auf eine Zwischenmasse zum Urton.

In der nachfolgenden Tabelle 56) wird die Materiedichte des gedehnten Proton (Universum, 2 Größenordnungen ?) dargestellt. Wie schon zuvor, ist eine kosmologische Konstante ohne die Zeit meiner Ansicht nach nicht denkbar, sofern es eine Raumzeit geben soll. Über die Materiedichte und das Protonenvolumen gelangt man zum Kleinteil (10^{-66}kg). Die Energiedichte ergibt sich über $p_E = p_u * c^2$ und mit hc/l^4 ist es möglich, die zugehörige Länge zu ermitteln, mit deren Volumen zunächst die Energie und dann ein Kleinteilchen mit der Masse des Neutrino bestimmt wird (10^{-37}kg). Die Bestimmung der Kosmologischen Konstanten bezogen auf die Materiedichte des gedehnten Proton beträgt $5,060 * 10^{-49}$m². Dies kann jetzt zu den herkömmlichen Daten mit $1/m^2$ geprüft werden. Der Zeitfaktor $1/s^2$ wird über die Energiedichte hergeleitet, die den Wert $4,54 * 10^{-32}$s² besitzt. Eine nicht nur denkbare, sondern auch notwendige Kosmologische Konstante die die Länge und die Zeit berücksichtigt, hat dann den Wert von $2,301 * 10{-80}/m^2s^2$. Die Größe bezieht sich auf die gedehnte Länge und der Zeit umgekehrt proportional. Um das Wesen jedoch dieser Tabellen zu zeigen, ist in der jeweiligen Kleintabelle die Zahlbedeutung dargelegt mit den Masterzahlen 10^{60} (Zahl^{58}) $* 10^{-34}$ m $= 10^{24}$m.

Tabelle 56	Materiedichte, gedehnte Protonengrößen (m = 1051kg; 1072m³)							
a_s	6,393E-08	m/s						
a_t	6,801E+31	m/s						
m_u	1,893E+51	kg						
V_u	2,779E+72	m³				l²	1,97E+48	m²
ρ_u	6,814E-22	kg/m³						
$l_{dB\,Pr}$	1,321E-15	M				t²	2,19E+31	s²
$V_{dB\,Pr}$	2,307E-45	m³						
$m_{KI} = \rho_u * V_{dBPr}$	1,572E-66	Kg			1,4E+24			
$\rho_E = \rho_u * c^2$	6,124E-05	kg/ms²			4,6E+15			
$l_{\rho E}$ mit (hc/l4)	7,547E-06	m						
V_{lpe}	4,298E-16	p$_e$ * V$_{lpe}$	2,63E-20	J	2,9E-37	kg		
KK Teil y/c² o. 8π	7,426E-28	m/kg						
y/c² * ρ$_u$ KKm²	5,060E-49	1/m²	7,113E-25	1/m	1,4E+24	M	1,00E+00	
0,7 = y/c² * m/V	8,975E-17	l aus = 0,7						
y/c² * ρ$_E$ KKs²	4,547E-32	1/s²	2,132E-16	1/s	4,6E+15	S	1,00E+00	
KK 1/ m²s²	2,301E-80	1/m² s²						

Zahl 60	Planck- l,t	ged. l,t
3,47E+58	4,051E-35	1,41E+24
3,470E+58	1,351E-43	4,689E+15

Die Tabelle 57, zeigt die Energiedichte. In die Formel hc/l⁴ wird die gedehnte Protonenvolumenlänge$_{24}$ eingesetzt. Sonst bleiben die gleichen Ansätze wie in Tabelle ddd. Die Energiedichte ist sehr klein und hat den Wert von 10^{-122}J/m³. Multipliziert mit dem gedehnten Protonenvolumen ergibt sich ein Kleinteilchen. Wie schon zuvor hingewiesen, ist in dem Volumen V$_{72}$ jetzt nur ein Kleinteilchen. Es ergeben sich Kosmologische Konstanten des Raumes (KK$_{m²}$) und der Zeit (KK$_{s²}$) mit deren Multiplikation von 1,9 * 10^{-197}/m²s² wieder zu Zahlbezügen führen, die man dann auf 10^{-40} und 10^{39} zurückführen kann.

Tabelle 57	Energiedichte (mit l = 1024m)							
a_s	6,393E-08	m/s						
a_t	6,80E+31	m/s						
m_u	1,89E+51	Kg						
V_u	2,77E+72	m³				l²	1,9E+48	m²
ρ_u	6,814E-22	kg/m³						
$l_{dB\,Pr}$	1,321E-15	M	4,6E+15	s		t²	2,1E+31	s²
$V_{dB\,Pr}$	2,307E-45	m³	2,1E-16					
$m_{KI} = \rho * V$	1,572E-66	kg						
$\rho_E = \rho_u * c^2$	5,08E-122	kg/ms²						
$l_{\rho E}$ mit (hc/l4)	1,40E+24	M						
V_{lpe}	2,77E+72	P$_E$ * V$_{lpe}$	1,4E-49	J	1,5E-66	kg		
KK Teil y/c² ohne 8π	7,426E-28	m/kg						
y/c² * ρ$_u$ KKm²	5,060E-49	1/m²	7,1E-25	1/m	1,4E+24	m	1,0E+00	
0,7 = y/c² * m/V	8,975E-17	KK m. 0,7						
y/c² * ρ$_E$ KKs²	3,7E-149	1/s²	6,1E-75	1/s	1,6E+74	s	8,E-118	
KK 1/ m²s²	1,9E-197	1/m² s²					1E+117	

Z-40	9,399E-40	7,11E-25	6,6E-64
Z-20	3,066E-20	2,13E-16	6,5E-36
			4,3E-99
			1,E-197

Die Tabelle 58, des Proton ist vom Aufbau und Darlegung den vorhergehenden Tabellen identisch. Logischerweise ergeben sich andere Größen, die man nachvollziehen kann. Auch hier finden sich wiederum Zahlbezüge, die darauf schließen lassen, dass die Zahl 10^{39}; 10^{-40} eine außerordentliche Rolle im Protonenuniversum spielen muss.

Tabelle 58	Proton							
a_s	6,39E-08	m/s						
a_t	6,8E+31	m/s						
m_u	1,67E-27	Kg						
V_u	2,31E-45	m^3				l_{dB}^2	1,75E-30	m^2
ρ_u	7,2E+17	kg/m^3						
$l_{dB\,Pr}$	1,32E-15	M				t_{c/as^2}	2,20E+31	s^2
$V_{dB\,Pr}$	2,31E-45	m^3						
$m_{Kl} = \rho * V$	1,67E-27	Kg						
$\rho_E = \rho_u * c^2$	6,5E+34	kg/ms^2						
$l_{\rho E}$ mit (hc/l4)	1,32E-15	M						
V_{lpe}	2,31E-45	$p_e * V_{lpe}$	1,50E-10	J	1,67E-27	kg		
KK Teil y/c^2	7,43E-28	m/kg						
$y/c^2 * \rho_u$ KKm²	5,38E-10	$1/m^2$	2,32E-05	1/m	4,31E+04	M	9,39E-40	KK_{m^2}/l_{db^2}
$0,7 = y/c^2 * m/V$	9,16E-04	l KK			Bezug c			
$y/c^2 * \rho_E$ KKs²	4,8E+07	$1/s^2$	6,9E+03	1/s	1,43E-04	S	1,06E+39	$KK_{s^2}/t_{c/as^2}$
KK 1/ m²s²	2,60E-02	$1/m^2\ s^2$	1,6E-01					

mit l_{Planck}	1,06E+39	4,05E-35	4,31E+04
mit t_{Planck}	1,06E+39	1,35E-43	1,44E-04

Auch aus dieser Tabelle sind die Zahlbezüge und die Größen klar erkennbar. Auch hier kann mit der Masterzahl 10^{60} auf die doch recht kleine KKm²s² (Tab. ggg) geschlossen und dargestellt werden. Dies bedeutet auch bei der Kosmologischen Konstanten spielen die Zahlen eine wesentliche Rolle.

Tabelle 59	Materie- und Energiedichte aus 2 Kleinteilchen 10-66kg							
a_s	6,39E-08	m/s						
a_t	6,80E+31	m/s						
m_u	1,57E-66	Kg						
V_u	2,78E+72	m^3				l^2	1,98E+48	m^2
ρ_u	5,66E-139	kg/m^3	1,57E-66	kg				
$l_{dB\,Pr}$	1,32E-15	M				t^2	2,20E+31	s^2
$V_{dB\,Pr}$	2,31E-45	m^3						
$m_{Kl} = \rho * V$	1,31E-183	Kg						
$\rho_E = \rho_u * c^2$	5,09E-122	kg/ms^2						
$l_{\rho E}$ mit (hc/l4)	1,41E+24	M						
V_{lpe}	2,78E+72	$p_e * V_{lpe}$	1,41E-49	J	1,572E-66	kg		
KK Teil y/c^2	7,43E-28	m/kg						
$y/c^2 * \rho_u$ KKm²	4,20E-166	$1/m^2$	2,050E-83	1/m	4,879E+82	M	8,3E-118	
$0,7 = y/c^2 * m/V$	8,44E-56	l m. KK = 0,7						
$y/c^2 * \rho_E$ KKs²	3,78E-149	$1/s^2$	6,145E-75	1/s	1,627E+74	S	8,3E-118	1E+117
KK 1/ m²s²	1E-315	$1/m^2\ s^2$					1E+117	
Z-40	2,882E-59	7,11E-25	2,050E-83	4,88E+82	(58 +24)			
Z-20	2,882E-59	2,13E-16	6,145E-75	2E+74	(58 + 16)			
		1,3E-157	1/ms					

Die folgende Tabelle 60 wurde aus der Hubble- Konstanten abgeleitet. Die verwendete Größe ist variabel, da es zur Hubble- Konstanten mehrere Varianten gibt. Ich verwende die Hubble- Konstante als Beschleunigungsgröße mit $7,21 * 10^{-10}$m/s². Die nachfolgende Tabelle zeigt keine mir bekannten Zahlbezüge und doch wird sie einer wahrhaften Kosmologischen Konstanten am nächsten kommen, dies unter der Berücksichtigung, dass die Hubble- Konstante letztendlich doch keine Konstante sein kann, denn die Kleinteilchengröße von 10^{-37}kg (Tabelle 56) ist eher dem Neutrino zuzurechnen als die Kleinteilchengröße von 10^{-38}kg (Tabelle 60).

Tabelle 60	Werte mit Hubble- Konstanten (Globale Größen m,t.l)							
a_s	7,21E-10	m/s						
a_t	6,80E+31	m/s						
m_u	1,68E+53	kg						
V_u	1,94E+78	m³				l²	1,6E+52	m²
ρ_u	8,67E-26	kg/m³						
$l_{dB\,Pr}$	1,32E-15	m				t²	1,7E+35	s²
$V_{dB\,Pr}$	2,31E-45	m³						
$m_{Kl} = \rho * V$	2,00E-70	kg						
$\rho_E = \rho_u * c^2$	7,79E-09	kg/ms²						
$l_{\rho E}$ mit (hc/l4)	7,11E-05	m						
V_{lpe}	3,59E-13	$p_e * V_{lpe}$	2,80E-21	J	3,110E-38	kg		
KK Teil y/c² ohne 8π	7,43E-28	m/kg						
y/c² * ρ_u KKm²	6,44E-53	1/m²	8,02E-27	1/m	1,247E+26	m	1,0E+00	
0,7 = y/c² * m/V	4,51E-18	l mit KK = 0,7						
y/c² * ρ_E KKs²	5,78E-36	1/s²	2,40E-18	1/s	4,158E+17	s	1,0E+00	
KK 1/ m²s²	3,72E-88	1/m² s²						
Man findet keine Zahlbezüge nach 10⁻⁴⁰								

Die Darlegungen zur Kosmologischen Konstanten sollen auch dazu dienen, die Zahl und deren Verwendung und Bedeutung offen zu legen. Eine solche Betrachtung kommt nämlich dann in Betracht, wenn wir den Anfang unseres Universums, also den bisherigen Beginn, in Zweifel ziehen. Beginnt unser bekanntes Universum mit einer ungeheuren Dichte von Materie und Energie oder beginnt dieses Universum mit einer, also aus einer „fast" Leere, so dass sich in einem Volumen von 10^{72}m³ ein Quant von 10^{-50}J befindet und wir aus einem ungeheuren Volumen von 10^{1000}m³, Volumina verschiedenster Dichte, Materie aus mehreren Volumina von z.B. 10^{72}m³ schöpfen, die sich dann zu unserem Universum mit den dargestellten Größen bilden.

Eigenartige Länge

Beispielhaft soll noch einmal auf die Länge 10^{63}m eingegangen werden. So wie bei der Ursprungslänge$_{y1-4}$ von 10^{-93}m, die der eigentliche Grund war, weshalb ich mein erstes Büchlein der Urton vor dem Urknall nannte, ist die Länge 10^{63}m zunächst eine <u>ganz gerade</u> gedachte Länge vom Punkt x_1 zum Punkt x_2. Physikalisch müssen wir den Raum unseres Universum mit dem Radius von rd.10^{24}m um den Faktor von rd. 10^{39} erweitern, damit diese Längengröße überhaupt gedanklich irgendwo Platz finden kann. Im Bereich unseres Universum$_{72}$ wird die Länge durch die Masse abgelenkt oder aber wir denken uns den Raum materiefrei. Ist uns dies gelungen, können wir ein Volumen von $\approx 10^{190}$m³ über dieser Länge von 10^{63}m errichten.

Die Frage ist nur, kann die durch die „gedehnte Protonenlänge" irgend geartete Größe über diese Länge$_{24}$ hinausgehen und was hätte es dann auf sich mit der Länge von 10^{63}m. Um einen Bezug zu erhalten, gilt es, die 2 ermittelten Längen von 10^{24}m, wie in den vorgenannten Tabellen dargestellt, vor Augen zu führen. Mit der Gleichung über die Masse des Kleinteilchen ist dieser Länge von 10^{24}m ein Kleinteilchen zuzuordnen. Verwenden wir aber die Formel über die Masse des Proton, so sind es 10^{39} Kleinteilchen.

Jeder Länge kann man eine innere Struktur zuweisen, bzw. jeder Länge also auch diese hat eine innere Struktur. Da die Wellenlänge aber auch diese Länge über die Masse des Proton hergeleitet wurde, ist offensichtlich, dass der innere Zusammenhang zwischen der Länge 24 und der Wellenlänge sich bei 10^{39} befindet. Also hat diese Länge von 10^{24}m, 10^{39} Wellenlängenteilchen aus der Masse des Proton. Wir denken uns jetzt diese Länge$_{24}$ als Koordinate x, welche durch die Wellenlänge im Abstand von 10^{-15}m strukturiert ist. Wie können wir jetzt die Länge von 10^{63}m erreichen, um nicht über den Universumdurchmesser hinauszukommen, denn Grundlage unserer Darlegung ist ja das Proton und die 4 weiteren Konstanten. Wir errichten eine y-Koordinate, die auf der x-Koordinate 10^{39}

mal im Abstand von 10^{-15}m kopiert wird. Diesen Vorgang wiederholen wir 2 mal, also y- Koordinate und z-Koordinate und stellen die erhaltenen Kämme zueinander. Wir erhalten einen vollkommen symmetrischen Würfel mit der Koordinatenlänge 10^{24}m einer inneren Struktur von 10^{-15}m, einem Proton-Kleinteilchen Würfel, der räumlich einerseits ein Kleinteilchen (10^{117})birgt und in der Fläche 10^{48}m² ein mögliches Proton, welches durch das Kleinteilchen durch $10^{39}*10^{-66}$kg gebildet wird.

Über diese Längenuntersuchung von 10^{63}m können noch andere Längen 10^{141}m untersucht werden, die ausschließlich vorerst nur mit dem Proton in Beziehung zu sehen sind.

Ockham und V = iyct

Die grundsätzliche Darlegung hinsichtlich der Planckmasse und Plancklänge ist anhand des Beispiels aus dem durch den Verfasser entdeckten Zusammenhang zwischen Raum (iyct) und Zeit (V/iyc) zu sehen.

Schreiben wir an

$V = iyct$ setzen wir für $i = h/c^3$, so erhalten wir

$V/t = hy/c^2$ eine Variable zwischen Raum und Zeit
die durch hy/c^2 (10^{-61}) begrenzt ist. Diese Größe kann man mit verschiedenen Paaren darstellen ($10^{-45}/10^{15}$) oder

($10^{-84}/10^{-23}$). Mathematisch wird es sehr viele solcher Paare geben. Physikalisch sehr wenige, denn die Konstanten korrospondieren in diesem Fall mit hergeleiteten Protonengrößen. Will man dagegen ein Ergebnis so zeigt sich.

$A = l^2 = iy$ bzw.

$A = l^2 = hy/c^3$ oder mit Ockham dann eine eindeutige Länge, die Plancklänge

$l = (hy/c^3)^{1/2}$ ca. 10^{-35}m. Es stellt sich die Frage ob die Einzelgröße höherwertiger ist als die Einzelgröße der Fläche. Die Fläche kann mit weiteren Längen wie im obigen Beispiel hergeleitet werden.

Planckfläche   ($10^{-35} * 10^{-35}$m; 10^{-54}m $* 10^{-15}$m; 10^{-41}m $* 10^{-28}$m;
10^{-93}m $* 10^{24}$m); Natürlich wird es mathematisch sehr viele Möglichkeiten geben, die Vorzahl der Planckfläche darzustellen. Was uns diese Darlegung sagt ist, dass bei der Einhaltung dieser Größen nach der Planckfläche eine höhere Genauigkeit entsteht, wie wenn wir nur eine Einzelgröße betrachten. Um dies zu verdeutlichen ein Beispiel aus der Musik. Es wurden Geigentöne bis zum 40.Oberton dargestellt. Spielt man einen Ton F``` mit der Geige oder mit der Gitarre, so erhalten wir wohl einen gleichen Ton, aber einen verschiedenen Klang. Spielen wir dagegen eine Akkordfolge F-A-C (F-Dur), so ist das „Verhältnis" auf der Gitarre (nacheinander spielen) zur Geige gleich. Das Verhältnis ist gleich, ob wir kosmische oder Teilchen- Längen in Beziehung setzen. Deshalb wird die Planckfläche (mehrere Möglichkeiten) eine höhere Bedeutung für die kosmische Interaktion haben und die Plancklänge wird einen reinen „Sinuston" verkörpern.

Zahl + Größe Z-20 * Plancklänge = Protonenschwarzschildradius
     Z-20 * $l_{\text{de-Broglie}}$ = Plancklänge

Auch in diesem Zusammenhang zeigt die Zahl einen elementaren Zusammenhang zum physikalischen Kontext.

Urknall oder Urzoom

1.) Urknallszenario

1.) Die Dichte des Universum muss nach S.Hawking auf der <u>Grundlage der Plancklänge</u> folgende Größe besitzen:

$m = 10^{51}$kg
$l = 10^{-35}$m
$V = 10^{-105}$m³
Dichte$_m = 10^{156}$kg/m³

2.) Nach damaliger Auffassung des Verfassers s.Homepage www.Thomas-Hettich.de

Vergleich 10^{-35}m zu $10^{-93;\ -96}$m
$m_{Materie} = 10^{-69}$kg
$m_{Energie} = 10^{53}$Kg
$l_m = 10^{-96}$m
$V = 10^{-288}$m³
Dichte$_m = 10^{219}$kg/m³

Nr. 1.) + 2.) als beispielhafter Vergleich

2.) Urzommszenario

Dichte$_E = hc/l_{24}^4 = 10^{-122}$J/m³
$V = (10^{24}$m$)^3 = 10^{72}$m³
Dichte $* V$ / c² $= 10^{-66}$kg
$m = 10^{51}$kg
Energie $= 10^{68}$J
$V = 10^{122} * 10^{68} = 10^{190}$m³

Aus dem Urtonraum von rd. 10^{1000}m³ und einer Dichte von 10^{-603}Kg/m³ wäre ein Raumgebiet von 10^{190}m³ (10^{68} J/10^{-122} J/m³) mit einer Dichte von 10^{-122}J/m³ nötig, um unser Universum anhand gravitativer Kräfte zu generieren.

Es ist nun die Imagination des Lesers gefordert, welchem Modell er mehr zugeneigt ist. Mathematisch sind beide möglich. Das eine, die Urknalltheorie, ist seit 80 Jahren in der Diskussion, das andere, den Urzoom, kenne ich bisher noch nicht. Wenn wir uns nur das Raumgebiet des Planckvolumen, oder uns auch die Größe eines Reiskornes uns vorstellen und vergegenwärtigen. In diesem Volumen sollen 10 Milliarden Galaxien oder 10 Milliarden mal 10 Milliarden Sterne etc. Platz finden. Ist dies vorstellbar oder spiegeln uns nicht die Formeln etwas vor. Wäre das Gegenmodell nicht eingängiger, in dem in einem riesigen Raum bzw. einem Raumnebel sich Masse zu Teilchen materialisiert, kondensiert, die sich dann durch Gravitation zusammenballt und, wie gezeigt, aufgrund proportionellen Größen, über die Raumdichte, die Kleinst- und Kleinteilchen, die Neutrinos, die Protonen und die Elektronen aus einem „anderen Universum" (Zusammenstoss U-Proton- U-Elektron) unsere Massengrößen, wie Asteroiden, Planeten, Sterne etc. bildet.

Z aus Wellenlänge $_{dB}$ und Schwarzschildradius $_{SL}$

Setzen wir $l_{SI} = ym/c^2$ und die Wellenlänge $l_{dB} = h/mc$ ins Verhältnis, erhalten wir $Z_1 = m^2y/hc$ oder $Z_2 = hc/m^2y$. Mit $Z_2 = 1$ können wir nach der Planckmasse auflösen $m = (hc/y)^{1/2}$. Für Z_1 können wir auch $Z_1 = m_1 * m_2 * y/h * c$ anschreiben. Für $m_1 = m_2 = m_{pl}$ erhalten wir Z_1 gleich 1. Für $m_1 = m_2 = m_{pr}$ erhalten wir $Z_1 = 10^{-40}$.

Danach erhalten wir

Für m_{pl} -> $l_{SI} = l_{dB}$
Für $m_{1,2} \leq m_{pl}$ -> $l_{SI} \leq l_{dB}$
Für $m_{1,2} \geq m_{pl}$ -> $l_{SI} \geq l_{dB}$
z.B.

$l_{SI} = 10^{-11}{}_y * 10^{-10}{}_m / 10^{16}{}_{c^2} = 10^{-37}$m
$l_{db} = 10^{-34}{}_h / 10^{-10}{}_m * 10^8{}_c = 10^{-32}$m

Dies gilt wenn beide Massen$_{1,2}$ gleich sind.

Es ist nun naheliegend, das für das Proton gefundene Kleinteilchen in Beziehung mit $Z_1 = m_1 * m_2 * y/h * c$ zum Proton zu setzen; $m_1 = 10^{-27}$kg und $m_2 = 10^{-66}$Kg.

Für Z_1 erhalten wir $Z_1 = 10^{-79}$

Für Z_2 erhalten wir $Z_2 = 10^{78}$.

Die Zahl 10^{78} bedeutet, dass entsprechend viele Protonen, die Universummasse bilden $10^{78} * 10^{-27} = 10^{51}$kg (Flächenbezug; $10^{39} * 10^{39}$), gleichzeitig bedeutet sie, dass $10^{78} * 10^{-66} = 10^{12}$Kg (Längenbezug $10^{24}/10^{-15}$) bilden, wobei $10^{39} * 10^{12}$kg $= 10^{51}$kg ebenso die Universummasse ergibt, aber zu unterscheiden ist, ob sich die Masse m $= 10^{12}$kg auf die Länge 10^{24}m bezieht oder auf 10^{-15}m. Mit $10^{39} * 10^{-66}$kg $= 10^{-27}$kg ergibt sich ebenso ein Längenbezug$_{24}$, der aber auch für das Protonenvolumen mit $10^{39} * 10^{-84}$m³ darstellbar ist.

Setzen wir in die Gleichung $m_1 = m_2 = m_{-66}$ ein, so erhalten wir

Für Z_1 erhalten wir $Z_1 = 10^{-118}$
Für Z_2 erhalten wir $Z_2 = 10^{117}$.

Hier ergibt sich durch $m_1 = m_2$ ein reiner Volumenbezug ($10^{72}/10^{-45}$)zur Universummasse, wenn das Universumvolumen nach dem Protonenvolumen strukturiert ist $10^{117} * 10^{-66}$kg $= 10^{51}$kg.

$Z_{1/2} * m_{pl} = m$
$Z_{-20} * m_{pl} = m_{pr}$
$Z_{58\,(60)} * m_{-66} = m_{pl}$
$Z_{39} * m_{-66} = m_{pr}$
etc.

Setzen wir für die allgemeine Form $Z = (m_1 m_2 y/hc)$ bzw. $(m_1 m_2 y/hc) * m_{pl} = m_3$, so erhalten wir $(m_1 m_2/m_3) * m_{pl} = hc/y$ und aus dem linken Term folgt dann $(m_1 m_2/m_3) = (hc/y)^{1/2}$. Daraus ergeben sich zahlreiche Möglichkeiten, die Planckmasse zu ermitteln, jedoch ist eine Masse von grundlegender Bedeutung für unser Universum. Dies ist die Protonenmasse. Aus dem vorhergehenden ergibt sich dann $m_{pr} = (hc/y)^{1/2} m_3/m_{1,2}$. Für $m_3/m_{1,2}$ muss sich immer Z_{-20} für daraus folgende Protonenmasse ergeben. Dieser Zweiklang (z.B. auch $10^{-86}/10^{-66}$), diese Proportion, ist zusammen mit dem mathematisch- physikalischen Zusammenhang ($x = 1/N-1 - 1/N$) elementar.

Z aus Wellenlänge$_{dB}$ – Plancklänge

Wir setzen die beiden Längen ins Verhältnis

$Z = h/mc \,/\, (hy/c^3)^{1/2} = hc/m^2 y$ invers $1/Z = m^2 y/hc$

Für die Protonenmasse erhalten wir $Z = 10^{39}$ bzw. 10^{-40}.

Allerdings lässt bzw. fordert Ockham, dass wir ein Längenverhältnis nach der Planckmasse $m = (hc/y)^{1/2}$ auflösen. Zwar ist gerade die Welle-Teilchenbeziehung in der de-Brogilie Beziehung gegeben, jedoch stellt Ockham eine eindeutige Forderung aus $Z = hc/m^2 y$ durch $m = (hc/y)^{1/2}$ dar. Die Welle-Teilchengegebenheit ist aber aufgelöst in eine Zahl-Massegegebenheit durch $Z = hc/m^2 y$. Dies bedeutet, dass man den Teilchen oder den Zahlen Teilchen nach dieser Formel zuweisen kann. Lösen wir nach Ockham auf ergibt das Längenverhältnis genau eine Masse. Die Planckmasse. Die Masse aus Z rührt von der de Broglie- Wellenlänge her. So ist die Planckmasse das eindeutige Ergebnis der de-Brogliebeziehung zur Plancklänge und stellt die Welle- Teilchenbeziehung in diesem Längenverhältnis dar. Damit ist aber auch eindeutig geklärt, dass es für $Z = hc/m^2 y$ mehrere Massenbeziehungen, also nicht nur die Planckmasse, geben kann, denn auch die de-Brogliebeziehung lässt ja mehrere Massenbeziehungen zu z.B. Proton und Elektron u.a. Wenn nun andere Massenbeziehungen gelten dürfen, so ist doch der grundlegenden Beziehung $h \leq Z m^2 y/c$ abzuleiten. Ohne Z gilt die Gleichung nur mit der Planckmasse erfüllt. Da aber Z ein grundlegender Bestandteil des Längenverhältnisses ist, kann man für $Z = 1$ oder $Z = N$ oder $Z = 1/N$ setzen. Ist nun die Zahl bedeutungsvoller als die Masse oder umgekehrt? Gilt die Unschärferelation dass $h \leq h`$ sein muss? Können nur zwei Massen interagieren oder auch kleinere bzw. kleine und große? Setzen wir für $Z = l_{db}/l_{pl} = 10^{19}$, so ist für das Massenpaar aus der Protonenmasse geltende Beziehung $h \leq h`$ nicht erfüllt. Erst wenn wir die Beziehung aus $l_{db}/l_{SI} = 10^{39}$, bilden ist die Beziehung $h = h$ erfüllt. Dies bedeutet, dass der Protonenschwarzschildradius und die Wellenlänge einen elementaren Zusammenhang bilden müssen oder aber es gibt sich für h kleinere Größen. Für l_{db} und l_{SI} können wir auch anschreiben $10^{-15}/\,10^{-40} * 10^{-15} = 10^{39}$ was wieder zur Ausgangsformel führt oder mit den gezeigten Längen, Massen und Zeitverhältnissen (z.B. l $10^{24}/10^{-15}$; t $10^{15}/10^{-24}$; m $10^{12}/10^{-27}$) zur notwendigen Zahl 10^{39}.

Z$_{dB,PL,m}$ aus de-Broglie Masse und Planckmasse

Wir setzen die beiden Massen ins Verhältnis

338) $Z = h/lc \,/\, (hc/y)^{1/2} = hy/l^2 c^3$ invers $1/Z = l^2 c^3/hy$

Das Massenverhältnis führt zur Plancklänge, wenn wir Ockham anwenden. Im weiter verwendeten Zahlbezug und unter Verwendung der Protonenwellenlänge erhalten wir die Zahl 10^{-40} bzw. invers 10^{39}. Der Durchgang ergibt sich wie aus der oberen Darstellung

Setzt man die oberen Zahlgrößen gleich, so erhält,

339) $hy/l^2c^3 = m^2y/hc$

die Unschärferelation bzw. die db-Wellenlänge

340) $h = mc\,l$

341) $m = h/lc$

342) $l = h/mc$

Es ist offensichtlich, dass in allen drei Gleichungen die Masse und die Länge dazu dienen, das Wirkungsquantumm zu begrenzen. Gehen wir zurück zu

343) $hy/l^2c^3 = m^2y/hc$

so entstammen ja beide Formeln der Form

344) $Z = hy/l^2c^3$ ->   8.1.) $h = Zl^2c^3/y$

345) $Z = m^2y/hc$ ->   8.2.) $h = m^2y/Zc$

Jede dieser Formeln gründet auf 2 Variablen, nämlich einer Zahl und/oder entweder der Masse oder der Länge. Setzen wir z.B. in 8.1.) die Protonenwellenlänge ein, ist es notwendig, der Zahl Z eine Größe zuzuweisen. Setzen wir die Planckfläche ein, ist mit $Z = 1$ die Gleichung erfüllt. Wir haben gezeigt, dass man die Plancklänge über verschiedene Formen von $lpl = 10^{-20} * l_{dB}$ bestimmen kann oder man weist Z in diesem Fall das Verhältnis $10^{-27}kg/10^{12}kg = 10^{-40}$ zu.

Eine weitere Variante eröffnet sich, wenn man l^2 in verschiedene Längen aufsplittet, um mit $Z = 1$ die Größe des Wirkungsquantumms zu erreichen. Dies wäre möglich durch die De-Broglie Wellenlänge und den Schwarzschildradius des Proton. Es ergäbe sich ebenfalls die Planckfläche $10^{-15}m * 10^{-54}m = 10^{-70}m^2$. Auch beim Schwarzschildradius besteht die Möglichkeit, ihn über die Zahle zu bestimmen $10^{-40} * 10^{-15}m = 10^{-54}m$.

Die innere Kraft des Universum

Die Kosmologen haben bestimmt, dass uns nur 5 Prozent der Materie sichtbar zur Beobachtung zur Verfügung stehen. Wenn die gezeigte Darlegung die Kleinteilchen in einem Protonenwürfel darstellen und die Schwere und Träge der Kleinteilchen unterschiedliche Ausprägungen haben, dann muss die Träge (nach aussen) und die Schwere (nach Innen) Wirkungen bezogen auf die Hubble- Kraft in „unserem" Universum haben. Diese kann nur eine vereinfachte mit der zugrundeliegenden Formel von $F = V\rho a$ darstellen.

Die träge und schwere Kraft ist wie zuvor gezeigt gleich.

Tabelle 61	Differenz zwischen a_{st} und a_{hubble}			
F	Vpa			
m	1,89325E+51	c^4/ya		
l	1,40586E+24	c^2/a		
p	6,81365E-22	m/V		
as	6,39291E-08	ym/r^2	7,21E-10	a_{hubble}
at	6,39291E-08	l/t^2		
Fs	1,21034E+44	N	1,37E+42	N
Fs	4,3559026596E-29	N/m^3	4,91264041E-31	N/m^3
Ft	1,21034E+44			
Ft	4,3559026596E-29			
Fs$*$5%	2,1779513298E-29			
Ft$*$95%	4,1381075266E-29	$\longrightarrow$	4,1872339308E-29	N/m^3

Die schwere die nach innen gerichtete Kraft wird mit 5 % angesetzt. Die nach aussen gerichtete Kraft mit 95% zusätzlich der Hubble- Kraft die sich ebenfalls nach aussen richtet. Die Kraft die das Universum nach Außen drückt beträgt danach 4,18723393e-29 – 2,177951e-29 N/m^3 = 2,00928293E-29 N/m^3

Tabelle 61 zeigt den Ansatz über das gedehnte Proton, nahe an der Universummasse (10^{51}kg, 10^{53}kg), allerdings bezogen auf die Einheit N/m^3. In der Tabelle 62 wird das Kleinteilchen untersucht.

Tabelle 62	Die innere Kraft des Kleinteilchen	
	m -66	
at	6,39291E-08	m/s^2
as	5,3086E-125	m/s^2
mt	1,89325E+51	kg
ms	2,2799E+168	kg
lt	1,40586E+24	m
ls	1,693E+141	m
pt	6,81365E-22	Kg/m^3
ps	10E-255	kg/m^3
Vt	2,77862E+72	m^3
Vs	10E+423	m^3
Ft	1,21034E+44	kgm/s^2
Fs	10E+44	kgm/s^2
Ft/m^3	4,3559E-29	N/m^3
Fs/m^3	10E-379	N/m^3

Die innere Kraft des Kleinteilchen besteht vorwiegend aus der trägen Kraft,die nach außen wirkt. Wenn 95% der Materie aus dunkler Energie und dunkler Materie besteht, so kann man für die dunkle Materie sagen, sagen, dass die in ihr wohnende Kraft nach außen gerichtet ist

Die nach folgenden Tabellen zeigen, dass die Kräfte vorwiegend als Trägheitskräfte auftreten.

Tabelle 63	Die innere Kraft über die Geschwindigkeit / Zeit					
c	220000	m/s		c	299792458	m/s
t	3,15E+12	S		t	4,69E+15	s
a	6,98E-08	m/s²		a	6,39E-08	m/s²
i	2,4592E-59	kgs²/m		i	2,4592E-59	kgs²/m
m	1,72E-66	Kg		m	1,57E-66	kg
a_s	6,90E-125	m/s²		a_s	5,31E-125	m/s²
a_t	6,98E-08	m/s²		a_t	6,39E-08	m/s²
m_s	1,75E+168	Kg		m_s	2,28E+168	kg
m_t	1,73E+51	Kg		m_t	1,89E+51	kg
l_s	1,30E+141	M		l_s	1,69E+141	m
l_t	1,29E+24	M		l_t	1,41E+24	m
p_s	-255	kg/m³		p_s	-255	kg/m³
p_t	8,11E-22	kg/m³		p_t	6,81E-22	kg/m³
V_s	423	m³		V_s	423	m³
V_t	2,14E+72	m³		V_t	2,78E+72	m³
F_s	1,00E+45	kgm/s²		F_s	1,00E+45	kgm/s²
F_t	1,21E+44	N		F_t	1,21E+44	N
F_s	10e-378	N/m³		F_s	10e-378	N/m³
F_t	5,66E-29	N/m³		F_t	4,36E-29	N/m³

Die Ergebnisse zeigen, dass bei der Milchstraße (220 000 m/s), aber auch beim gedehnten Protonenuniversum (299 792 458 m/s) die Kraft in etwa gleich ist. Dagegen nimmt die Kraft bei der Hubble- Beschleunigung stark ab.

Tabelle 64	Die innere Kraft bei 13,7 Milliarden Jahren	
c	299792458	m/s
t	4,32E+17	s
a	6,94E-10	m/s²
i	2,4592E-59	kgs²/m
m	1,71E-68	kg
a_s	6,79E-131	m/s²
a_t	6,94E-10	m/s²
m_s	1,78E+174	kg
m_t	1,74E+53	kg
l_s	1,32E+147	m
l_t	1,30E+26	M
p_s	1,00E-266	kg/m³
p_t	8,03E-26	kg/m³
V_s	10e+441	m³
V_t	2,17E+78	m³
F_s	1,00E+44	kgm/s²
F_t	1,21E+44	N
F_s	10e-397	N/m³
F_t	5,57E-35	N/m³

Die innere Kraft einer Galaxie

Fünfund neunzig Prozent der Materie bestehen aus den Kleinteilchen, einer Grenzmasse zwischen Raum und Materie. Je kleiner die Masse so geringer die Schwerefeldbeschleunigung und je größer die Trägheitsbeschleunigung.Damit treibt wie gezeigt das Kleinteilchen das Universum auseinander und die gebundene Masse zieht in entsprechenden Größenordnungen sich zuammen. Beispiel:

Das Proton hat das Beschleunigungverhältnis $10^{-8}/^{+31} = 10^{-40}$. Das Kleinteilchen hat das Beschleunigungsverhältnis $10^{-125}/10^{-8} = 10^{-117}$.

Dies bedeutet, dass je größer die Massenzusammenballungen sind, der Anteil der Schwere größer und der Anteil der Träge geringer wird.

Der Urton

Den Begriff Urton wählte ich für den Titel meines ersten Buches, als ich begann, neben der materiellen Architektur den doch eher geistigen Raum zu begreifen. Es war ein einfacher Gedanke, der gespeist war durch meine frequenzbehaftete Musik und der nicht nur damaligen sondern auch heute noch gültige Annahme (S.Hawking), dass vor der Planckzeit die Allgemeine Relativitätstheorie in eine Singularität führt. Mit der Universummasse und der sich ergebenden Wellenlängenzeit war eine Zeit gegeben, die also kleiner als die Planckzeit, war. In mehreren öffentlich zugänglichen Tabellen (www-Thomas-Hettich.de, Fragmente des Einen) rekonstruierte ich den Beginn und das Heute. Als Architekt unterliegt man vielleicht noch mehr der Imagination als ein Physiker.

Dieser Satz war mir damals noch nicht voll bewusst, aber gerade der Anfang und das heute bekannte Universum ließen mich gerade am Beginn des Universum, dem Urknall zweifeln. Wie kann es sein, dass das Universum im Planckvolumen, indem die gesamte Energie des Univerum von rd. 10^{68}J, bzw. was einer Masse von 10^{51}kg, oder 10 Milliarden Galaxien oder 10 Milliarden mal 10 Milliarden Sonnen oder 10 Milliarden mal 10 Milliarden mal 10 Milliarden Planeten wie die Erde entspricht. Als Architekt kann man sich viel vorstellen, aber im Planckraum eine solch große Energie und dies bewegt und extrem heiß? Formelmäßig war dies von anderen vielleicht zu bewältigen, sogar von mir, der nur einfache mathematische Grundkenntnisse besaß und besitzt, aber über den Lauf der Jahre, als ich meine weiteren Bücher wie die Imaginationskonstante i ($i = h/c^3$) u.a. schrieb, reifte die Überlegung, dass uns die Gleichungen etwas vorspiegeln und uns doch auch was anderes sagen können. Bestes Beispiel hierfür ist die Darstellung der Plancklänge, wie schon oben gezeigt.

$$346) \quad \sqrt{\frac{hy}{c^3}} = \sqrt{\frac{m^2\, y}{hc}} * \frac{h}{mc} \qquad\qquad \text{bzw.} \qquad\qquad l_{pl} = Z_{-20} * \frac{h}{mpr\, c}$$

Durch diese Darstellung und Möglichkeit, dass man die Planckeinheiten auflösen kann, vielleicht in noch elementarere Größen, war mir klar, dass die Zahl, wie ich bisher vermutete, eine fundamentale Bedeutung haben müsste, deren Ausprägung ich fern bin diese in ihrer Gesamtheit zu erfassen. Trotzdem war es Ansporn ein Universum zu kreieren, welches „gottähnliche" Dimensionen annimmt, denn die Ausdehnung ist so groß, dass wir uns dies nur schlecht vorstellen können. Gleiches gilt für das Kleine. Dieses dargestellte Mutteruniversum birgt rund 10^{291} Universen in unserer Größe. Dies als Beispiel zu einem mittleren Wert. Die Universen können verschiedene Größen annehmen, die in sich wieder Universen bilden. Vergleiche zwischen einem Wassertropfen und dem Pazifik sind lächerlich, da nicht einmal der Vergleich zwischen einem Wassertropfen oder einem Proton oder Elektron zum bekannten Universum ausreicht, die Größe dieses Superuniversum zu demonstrieren und wenn möglich auch dem Leser anschaulich zu machen. Wenn wir den Durchmesser unseres Universum mit 10^{24}m (10^{26}m, Kosmologenannahme) annehmen und für den ungeübten Leser darstellen, dass 10^{26}m bedeutet, dass dies die hundertfache Länge von 10^{24}m ist, (10^{35}m ist eine Milliarde größer als 10^{26}m), so wird klar, dass die Länge 10^{315}m etwas darstellt was jenseits unseres Vorstellungsvermögens ist, bzw. sein muss, denn die gleichmäßige Materiedichte beträgt 10^{-603}kg/m³, also ein NICHTS, jedoch nur fast . Wenn man zu etwas Nichts sagen kann, dann ist es diese Dichte, die vollkommen kraftfrei sein muss und doch besitzt sie eine Masse von 10^{342}kg. Auch hier kann man den Vergleich zur Länge anstellen, denn unser Universum hat eine Masse von 10^{51}kg.

Da dies nicht nur eine verbale Beschreibung sein soll, sind wenige aber auf den Konstanten bezogene Ableitungen und Berechnungen aufgeführt.

Berechnung des Urton I

Die nachfolgenden Tabellenformate und Ergebnisse unterlagen einem langen Werdungsprozess, welcher sich über die Gleichungen

347) $Z_{-40} = m_{pr}^2 y/hc$

348) $m = m^3 y/hc$

349) $m = (m^N * y/hc)^{(1/N-2)}$

350) $m = (m^x * y/hc)^{(1/x-2)}$

351) $Z_{-20} = m_{pr}/(hc/y)^{1/2}$

und als mathematische Aussage (vergl. Kleine große Zahlen)

351) $x = (1/(N-1)) - (1/N)$

entwickelte.

Gleichung 338 war bald formuliert. Die Bedeutung, dass die Länge, Fläche das Volumen entsprechende Massen generierte, war sehr beeindruckend. Jedoch war die Zahl 10^{-20}, obwohl 40 eine bedeutende Zahl in allen Kulturkreisen war und deshalb interessanter ist, da sie beide Massen beinhaltet. Die Planckmasse als „geistige" und grundlegendste Größe und die Protonenmasse als Referenzmasse. Deshalb ist als Grundlage für die anderen Größen die Gleichung 337) anzusehen. Allerdings, und das ist bedeutend für mich, dass die Zahl 10^{-20} in Kombination mit den ersten im Buch vorgestellten Zahlen zum Erfolg führt. Planckmassenersatz in dieser Gleichung mit x und N und andererseits zwei Massenverhältnisse, die zur selben Zahl, nämlich 10^{-20} führten. Für den Urton war deshalb abzuwägen, mit welcher Ausgangsgröße (Zahl) begonnen werden sollte. Ob das Proton in alle Ewigkeit stabil bleiben wird ist ungewiss. Die nächsten 10^{32} Jahre, wie dies bestimmt wurde, sicherlich. Durch die grundlegenden ersten Gleichungen als Proton und einer mathematischen Darstellung (N,x) des letzten Oberton einer Obertonreihe und dem Verhältnis von Protonenmasse und Planckmasse war eine Zahl definiert, die eine grundlegende Gültigkeit haben musste. Wenn Max Planck Recht hat, so müssten diese Zahlen (Planckeinheiten) auch für das Superuniversum gelten. Und doch gab es immer wieder Zweifel zwischen $10^{-10} 10^{-40}, 10^{-60}$ und $10^{-40}, 10^{-80}, 10^{-120}$ und ihren inversen Werten, ob eine der beiden Reihen bevorzugt ist. Setzt man die Planckmasse, ein so erhält man 1. Auch ergibt jeder höhere Exponent N und x wiederum die Planckmasse. Jede auch nur mögliche Form mit diesem Volumen erübrigt sich über eine Kugel, eine Pyramide, einen Würfel etc. nachzudenken, denn eine solche zugehörige Form zum Urton ist noch nicht fassbar. Aussagen (Spektrum d. Wissenschaft), dass sich die Massen an den Leerräumen bilden, könnten für den Urton einen Ansatz zu seiner gültigen Struktur darstellen. Man muss ihn wie einen sphärischen Massenobertonklang ansehen, der sich an Klangverhältnisse bindet. Die konzentrischen Farbgrenzen (Umschlag) sind Massenansammlungen (Universen). Dazwischen bilden sich ungeheure Leerräume (rot-grün). Der Radiusabschnitt stellt das Universum unmaßstäblich dar.

Berechnung des Urton II

Tabelle 65		Grundmasse m^{-27}kg und „Massenquant" 10^{-01}kg		
Massenquantisierungsformel		m = (m1^n(x) * y/(h * c))^ (1/(n(x)-2))		
N	-27,00	1,67262E-27	m1	x = 1/n-1 - 1/n
0,5	-0,6667	3,26E+19	Z_1	3,06E-20
1,743149706	-1	1,74E-01	Kg	Massenquant

Die Rechnung beginnt mit der Formel m = (m^{N}y/hc)$^{1/N-2}$; m$_1$ = Protonenmasse

Tabelle 66		Grundmasse m^{-27}kg und „Massenquant 10^{-21}kg		
Massenquantisierungsformel		m = (m1^n(x) * y/(h * c))^ (1/(n(x)-2))		
X	-27,00	1,67262E-27	m1	x = 1/n-1 - 1/n
-4	-0,6667	3,26E+19	Z_1	3,06E-20
1,689981	-20,5	5,34419E-21	Kg	Massenquant

Rechnung wie in Tabelle 55, jedoch Exponent x = -4 anstatt N = 0,5; Grundlage Protonenmasse. Das Verhältnis der beiden Massen (10^{-01}/10^{-21}; A1/A2) ergibt das gleiche Massenverhältnis wie die Planckmasse zur Protonenmasse.

Tabelle 67		Grundmasse m^{-66}kg und „Massenquant 10^{12}kg		
Massenquantisierungsformel		m = (m1^n(x) * y/(h * c))^ (1/(n(x)-2))		
N	-66	1,57214E-66	m1	x = 1/n-1 - 1/n
0,5	-0,6667	3,4702E+58	Z_2	2,88134E-59
1,779521162	12	1,7795212E+12	Kg	Massenquant

Anstelle des Proton tritt das Kleinteilchen des Proton mit m = 10^{-66}kg. Die Rechnung erfolgt gemäß Massenquantisierungsformel oder in der zweiten Zeile (links): Die dargestellte Masse im Verhältnis mit dem Proton ergibt die eingangs beschriebene Zahl 10^{-40}. Die berechnete Zahl gibt als Masterzahl 10^{-60} aus. Damit wäre eine Verbindung zwischen den Reihen 10^{-20} 10^{-40} 10^{-60}; 10^{-40} 10^{-80} 10^{-120} gewährleistet.

Tabelle 68		Grundmasse m^{-66}kg und „Massenquant 10^{-47}kg		
Massenquantisierungsformel		m = (m1^n(x) * y/(h * c))^ (1/(n(x)-2))		
X	-66	1,57214E-66	m1	x = 1/n-1 - 1/n
-4	-0,16667	3,4702E+58	Z_2	2,88134E-59
1,6216048	-46,5	5,1279649E-47	Kg	Massenquant

Die Zahl 10^{-47} ist im Massenspektrum eine bedeutende Masse und führt vom Beginn der Planckmasse 10^{-8}; 10^{-17}; 10^{-27}; 10^{-37}; 10^{-47}; 10^{-57}; 10^{-66} zum Kleinteilchen des Proton mit N = 3 in der Ausgangsformel.

Tabelle 69		Grundmasse m^{-183}kg und „Massenquant 10^{51}kg		
Massenquantisierungsformel		m = (m1^n(x) * y/(h * c))^ (1/(n(x)-2))		
N	-183	1,30554E-183	m1	x = 1/n-1 - 1/n
0,5	-0,6667	4,18E+175	Z_3	2,39294E-176
1,893252622	51	1,893253E+51	Kg	Massenquant

Die Masse 10^{-183} ist das Kleinteilchen vom Kleinteilchen des Proton und ergibt mit der Formel (2.Zeile) die Masse des Universum bzw. die Masse des gedehnten Protons m = c^4/a$_s$y . Die Zahl 10^{-176} ergibt sich aus dem Verhältnis (10^{-118} * 10^{-8}) / 10^{51}.

Tabelle 70				
Massenquantisierungsformel		m = (m1^n(x) * y/(h * c))^ (1/(n(x)-2))		
X	-183	1,30554E-183	m1	x = 1/n-1 - 1/n
-4	-0,16667	4,18E+175	Z_3	2,39294E-176
1,43263	-124,5	4,530376E-125	Kg	Massenquant

Die Masse 10^{-125} ergibt sich auch aus (10^{-40})^3 * 10^{-8}. Bei diesen Kleinstmassengrößen ist die Verbindung zum Raum zu sehen.

Tabelle 71		**Grundmasse m^{-47}kg und „Massenquant 10^5kg**		
Massenquantisierungsformel		**m = (m1^n(x) * y/(h * c))^ (1/(n(x)-2))**		
N	-47	5,12796E-47	m1	x = 1/n-1 - 1/n
0,5	-0,6667	1,0639E+39	Z_4	9,3993E-40
1,1999198	5,6666	5,569535E+05	Kg	Massenquant

Die beiden Massen 10^5 und 10^{-34} bilden im Verhältnis eine der bedeutendsten Zahlen, nämlich 10^{-40}. Diese Zahl wird über $m = m_{pr}^2 y/hc$ auch gebildet. Und $10^{-47} = 10^{-20} * 10^{-27}$ wird über die Zahl -20 und die Protonenmasse gebildet.

Tabelle 72		**Grundmasse m^{-47}kg und „Massenquant 10^{-34}kg**		
Massenquantisierungsformel		**m = (m1^n(x) * y/(h * c))^ (1/(n(x)-2))**		
X	-47	5,12796E-47	m1	x = 1/n-1 - 1/n
-4	-0,6667	1,0639E+39	Z_4	9,3993E-40
3,566537914	-33,8333	5,2349E-34	Kg	Massenquant

Die beiden Massen 10^5 kg also rund 100 Tonnen und 10^{-34}kg also rund 1000 mal kleiner als das Elektron sind außerhalb der bisher ermittelten Massenskalen. Gleichwohl bilden sie im Verhältnis und mit den zugrunde-liegenden Exponenenten 0,5 und -4 die bedeutende Zahl von 10^{-40}.

Tabelle 73		**Grundmasse m^{-125}kg und „Massenquant 10^{31}kg**		
Massenquantisierungsformel		**m = (m1^n(x) * y/(h * c))^ (1/(n(x)-2))**		
N	-125	4,5304E-125	m1	x = 1/n-1 - 1/n
0,5	-0,6667	1,20425E+117	Z_5	8,304E-118
1,2505158	31,6666667	5,8043803E+31	Kg	Massenquant

Die Masse 10^{31} (Stern) bildet in der Massenskala 10^{21}, 10^{31}, 10^{41} und 10^{51} (Planet,Stern, Galaxie, Universum 1) eine stabile Größe und im Verhältnis von $10^{31}/ 10^{-47} = 10^{78}$ bildet sie auch die Anzahl der Protonen ab. Die Zahl 10^{117} bildet die Anzahl der Kleinteilchen 10^{-66}kg ab, die sich in gleichmäßig verteilten Protonenwürfel im gedehnten Protonenvolumen (10^{72}m³) befinden.

Tabelle 74		**Grundmasse m^{-125}kg und Massenquant 10^{-86}kg**		
Massenquantisierungsformel		**m = (m1^n(x) * y/(h * c))^ (1/(n(x)-2))**		
X	-125	4,5304E-125	m1	x = 1/n-1 - 1/n
-4	-0,16667	1,20425E+117	Z_6	8,304E-118
3,283771771	-85,83333	4,819918E-86	Kg	Massenquant

Die Zahl 10^{117} kann man auch mit den Massen $10^{51}/10^{-66}$ darstellen s. Zeile BA.

Tabelle 75		**Grundmasse $m = 10^{-359}$kg und Massenquant $m = 10^{109}$kg**		
Massenquantisierungsformel		m = (m1^n(x) * y/(h * c))^ (1/(n(x)-2))		
N	-359	-359	m1	x = 1/n-1 - 1/n
0,5	0,6667	-352	Z,	351
1,415467869	109,666667	6,57002E+109	Kg	Massenquant

Das Massenverhältnis von den Tabellen 71 und 72 führen zur Zahl 10^{351}, die sich aus der dritten Potenz von $117^3 = 10^{351}$ ergibt. Als Masterzahl wird 10^{360} angeschrieben.

Tabelle 76		**Grundmasse $m = 10^{-359}$kg und Massenquant $m = 10^{-242}$kg**		
Massenquantisierungsformel		**m = (m1^n(x) * y/(h * c))^ (1/(n(x)-2))**		
X	-359	-359	m1	x = 1/n-1 - 1/n
-4	-0,16667	-352	Z_7	351
2,563016	-241,8333	3,761992E-242	Kg	Massenquant

Masterzahlen des Universum
bei ca. 13,7 Milliarden Jahren

Tabelle 77	Masterzahlen als Exponent unseres Universum	
	360	
120	120	120
40	40	40
40	40	40
40	40	40
20	20	20
L	T	M
-15/24	-23/15	-27/12
-54/-15	-43/-4	12/51
-35/4	-62/-23	-8/31
-23/-43	-15/-35	-8/-27

Die Zahlen definieren das Universum in den Längen (l) den Zeiten (t) und den Massen (m). Mit der Zahl 10^{360} kann das Universum in seinen Einzelheiten mit den Ausgangsgrößen (m,l,t) beschrieben werden.

Die Imagination und Berechnung des Urton III

beispielhaft
in einer
Gotischen Kathedrale oder auf einer Waldlichtung

353) $m = m^3 y/hc$

Grundlegende Formel zu EINEM Klein- bzw. Großteil

$m = (10^{109})^3 * 10^{-11})/(10^{-34} * 10^8)$

10^{109}kg aus Tabelle 12, zweitletzte Zeile

$m = 10^{342}$ kg

354) $l = my/c^2$

Schwarzschildradius vergl 10^{51}kg und 10^{24}m

$= 10^{342} * 10^{-11}/10^{16}$

$l = 10^{315}$m

355) $t = (V/ym)^{0,5}$

aus Massendehnungsformel vergl. 10^{72}m³ und

10^{-6}m³ $t = ((10^{315})3/(10^{-11} * 10^{342}))^{1/2}$

$t = 10^{307}$s

356) $p = 1/yt^2$

Dichte des Urton

$p = 10^{-603}$ kg/m³

Abkürzungen

Y	Gravitationskonstante
C	Lichtgeschwindigkeit
h	Wirkungsquantum
m_{pr}	Protonenmasse
m_{planck}	Planckmasse
α	Winkel Alpha
Λ	Kosmologische Konstante
A	Fläche
a	Beschleunigung
a_S	Schwerefeldbeschleunigung
a_t	Trägheitsbeschleunigung
E	Energie
F	Kraft
F_s	Schwere Kraft
F_t	Träge Kraft
f, v	Frequenz
i	Imaginationskonstante $\quad h/c^3$, als Variable m/a; A/y
J	Joule
l	Länge
l_{24}	Länge des gedehnten Proton, näherungsweise Universumlänge
l_w	Wellenlänge
m	Masse
m_{Klt}	Kleinteilchenmasse
m_{51}	Masse des gedehnten Proton, näherungsweise Universummasse
P	Dichte (Materie, Energie)
p	Impuls
P_{ukl}	Energiedichte Kleinteilchen, bezogen auf gedehntes Proton bzw. Universum
Φ	Potential
r	Radius
t	Zeit
V	Volumen
Δx	Spaltbreite
Z	Zahl

(Mit Tiefstellung, Zahl als Größenangabe, $m_{51} = 10^{51}$kg)

Nachwort

Eingangs wurde nachdrücklich dargestellt, dass sich die gesamte Darlegung auf die elementaren Protonengrößen und auf die Konstanten m_{pl}, y, c, h bezieht. Durch die Herleitung der Kleinteilchen wird die Skalierung der Kleinteilchen einerseits, aber auch die Zusammenballung der größeren Teilchen in Größenordnungen geführt, die unser Universum als verhältnismäßig klein erscheinen lässt, sogar sehr klein. Allerdings ist eine Größenzu- bzw. abnahme im Bereich von ca. 10^{10} zu erkennen (Kleinteil,…; Neutrino, Proton,……,Planckmasse,……,Planet, Stern, Galaxie, Universum) In Richtung des Kleinen führen uns die Gleichungen in ein Nichts, gleichzeitig jedoch in eine Gesamtmasse, die um den Faktor 10^{290} größer ist als unsere Universum-Masse. Versucht man solche Dimensionen zu durchdenken, fehlt eigentlich eine gewisse Einsicht unser Universum zu deuten, denn mit einer Zeit oder einer Länge von rund 10^{300} sind Dimensionen erreicht, die uns unsere Grenzen aufzeigen werden. Ob wir uns mit einem Universum mit einem Volumen von $10^{72\text{-}78}$ m³ oder einem Volumen von 10^{1000} m³ beschäftigen, zeigt die Tatsache, dass wir keinen Größenvergleich besitzen, um uns dieses gewaltige Universum, den Urton, auch nur im Ansatz vorstellen zu können dies auch im Hinblick, auf die darin sich befindenden Möglichkeiten. Lassen wir uns zukünftig auf unsere Fragestellungen und Probleme der Erde konzentrieren. Die Denkfabriken der Physik müssten umlernen, um unserer Welt, unserer Erde gerecht zu werden. Die Fokussierung auf unsere Erde ist unabdingbar. Was können wir ändern. Was nützt uns, ob die Merkurbewegung sich etwas anders verhält, was ist mit der Masse, die zunimmt, wenn Sie mit Lichtgeschwindigkeit, die wir nicht erreichen können, fliegt. Das sind wirklich spannende Fragen, aber was nützen sie der Erde, außer dass wir seit neuestem Wissen, wo wir tatsächlich räumlich stehen (GPS)? Dem Wissen? Wenn wir wissen, dass wir diesen Gigant eines Universum nicht „er-wissen" können, dann müssen wir uns als Menschheit selbst beschränken, und zwar zu allem, was unsere Erde betrifft und was wir als Gefahr von außen nicht beeinflussen können.

Der Unterschied zwischen dem Universum und den abgeleiteten Daten und Größen aus dem Proton bezieht sich auf die Beschleunigung. Die Hubble- Konstante gibt an, wie schnell sich das Universum ausdehnt. Sie geht zurück auf Edwin Hubble. Nach Kenntnis dieser Konstante entfernte A. Einstein seine Kosmologische Konstante aus seiner Theorie.

Man kann die Hubble- Konstante aus mehreren Möglichkeiten messen, wie in meinen Schriften gezeigt, auch als Beschleunigung von $7{,}21*10^{-10}$ m/s² u.a. anschreiben. Seit ich mit meinen Überlegungen zum Sein begann, hat sich die Hubble- Konstante mehrmals geändert. Weshalb es nur auf eine grundlegende Überlegung ankommt. Wie schon bei Dirac und Eddington bezieht sich die Hubble-Konstante auf eine Bewegung. Alles was sie gelesen haben, alle Zahlen und Fakten, beziehen sich aber auf die konstante Protonengröße. Solange sich die Masse des Proton nicht ändert wird sich auch deren Schwere- bzw. Trägheitsbeschleunigung nicht ändern.

Die Verbindung zwischen Träge, Schwere und Unschärfe muss sich nach dieser Darstellung über die aufgelösten Planckeinheiten ergeben und zwar dadurch, dass sich Massen- und Längenskalen als Austausch über die Zahlen möglich sind ($h = m^2y/c$) wobei sich z.B. $m = 10^{-27}$kg– 10^{12}kg als Massenskala ergibt

Eingangs wurden einige Formeln (S.Hawking) untersucht. Richard P. Feynman stellt eine Formel vor, die auf Einstein zurückgehen soll und die Raumkrümmung, welche durch den überschüssigen Radius, definiert wird.

$$r_{\text{Überschüssig}} = (A/4\Pi)^{1/2} - r_{gemessen} = y/3c^2 * m$$

Diese Formel bedeutet, dass zum Beispiel die Oberfläche eines Planeten wie die Erde (Formel) abzüglich des gemessenen Erdradius zu einem Überschuss führen wird, der die Raumkrümmung darstellt. Wenn man aber eine vollkommene Kugel verwendet, so führt dies im zweiten Segment der Formel zu 0, also keiner Raumkrümmung. Was ist aber vergleichbar im physikalischen Sinne, also im dritten Segment. Nach meiner Vorstellung wäre dies die Planckmasse. Setzen wir ein, ergibt sich $r = y/3c^2 * (hc/y)^{1/2} = (hy/3c^3)^{1/2}$. Die Raumkrümmung entspräche der Plancklänge, allerdings zu einem Drittel.

Wenn wir in $y/3c^2 * m$ setzen

$m_{pl} = 10^{-8}$kg $= 10^{-35}$m $= 10^{-20} * 10^{-15}$m
$m_{pr} = 10^{-27}$kg $= 10^{-54}$m $= \quad 10^{-40} * 10^{-15}$m
$m_{Kl} = 10^{-66}$kg $= 10^{-93}$m $= \quad 10^{-79} * 10^{-15}$m

so erhalten wir Größenordnungen mit der Einsteinschen Raumkrümmung, die mit den vorgestellten in diesem Buch übereinstimmen. Auch hier zeigt sich, dass die db- Wellenlänge mit den vorgestellten Zahlen eine elementare Größe ist, sein muss. Dies gilt allerdings nur in diesem Zusammenhang bei einer konstanten Annahme.

Wenn wir uns unser Universum in einem riesigen Raum mit der Dichte von 10^{-603} kg/m³ denken, so befindet sich unser Universum, in einem Nichts. Beziehen wir aber die Gesamtmasse des Urton mit 10^{342} kg mit ein, so wird nicht das Außen, der fast leere Raum zum Nichts, sondern wir, unser Universum wird ebenfalls zum Nichts. Welchen Sinn, außer einem finanziellen, macht es unser Universum zu erforschen, nicht die Erde erforschen, sondern unser Universum, wenn wir wissen, dass uns etwas Gottähnliches umgibt , dessen Erforschung jenseits unserer Auffassungsgabe liegt. Wir würden den gesamten Intellekt der Forscher auf die wirklichen Fragen der Menschheit konzentrieren können. Die gesamte Elite hätte eine Aufgabe, nämlich die Rettung unseres Planeten. Eine Phase ähnlich des Mittelalter würde beginnen, in der eine gottähnliche Struktur die Glaubensbekenntnisse der Forscher übernimmt, da sich doch eine Vielzahl dieser Forscher auch im Glaubensbereich befinden. Jeglicher Egoismus würde sich an dieser Struktur messen lassen müssen. Unser Universum ist wieder wie so oft erkannt (Higgs-Standardmodell) und die technologische Fortentwicklung sorgt immer mehr für die Kluft zwischen Arm und Reich. Die politischen Machtwünsche werden durch die physikalischen Eliten erfüllt, der Motor der gesamten Technologie. Wer hat den Klimawandel, sollte es ihn geben, innerhalb der letzten 150 Jahre zu verantworten? Natürlich der Bürger, weil er die technischen Entwicklungen annahm. Ist der Bürger Schuld an den radioaktiven Unfällen, an den Kriegsdrohungen zweier Exzentriker. Ist er Schuld, weil er den Atomstrom benötigt, um seine Suppe zu kochen, oder ist er daran Schuld, wie viele Endlager es auf der Erde geben wird die Millionen von Jahren unsere nachfolgenden Generationen belasten werden. Wer ist Schuld, der Bürger oder Einstein? Einstein nicht, da er nur eine theoretische Grundlage legte. Der Bürger auch nicht, weil er unter politischer Vorgabe in der Masse keine andere Möglichkeit hatte. Otto Hahn, Lise Meitner, Edward Teller, Oppenheimer, sind Namen die auf der praktischen Seite Verantwortung tragen. Es muss gelingen, auch wichtige Theorien theoretisch zu prüfen. Alle Theorien, die nur im Ansatz die Möglichkeit offenbaren, den Bestand der Erde zu gefährden, müssen so lange zurückgestellt werden, bis die wirklichen Fragen der Menschheit gelöst sind und wir dadurch eine einsteinsche Weltregierung besitzen. Dann könnten wir uns daran machen, eine Erforschung zu starten, in der es keine Ersten gibt, sondern alle Völker müssten an dieser Erforschung Teil haben können. Alle Positivisten, Realisten und Materialisten können erst dann einen Gott ausschließen, wenn Sie alle diesem Nichtgott zugrunde liegenden Formeln in Gänze verstanden haben. Dies gilt für alle gefundenen Formeln deren Negativum zunächst geklärt werden muss. Die Diskussion hält bis heute an. Ob Heisenberg, Otto Hahn, Max Planck u.a. in der Lage gewesen wären, die Atombombe zu bauen? Hätten sie ein Bewusstsein wie Edward Teller besessen, wäre es vielleicht gelungen. Hätten Sie es gekonnt, oder haben sie es nicht gekonnt. Ich meine diese Frage ist mühselig zu klären. Was aber nicht mühselig ist, ist genau die Verantwortung, wenn Sie es gekonnt hätten und dass sie es trotzdem nicht getan haben. Wer soll, die Erde retten, wenn es nicht die intellektuelle Elite tut. Diese Elite darf nicht mehr Zugpferd sämtlicher politischer Machthaber sein. Sie muss sich über das von Ihnen erfundene Internet austauschen und nur das zulassen, was der Erde nützt. Erst die gemeinsam theoretisch (Elite, Supercomputer) geprüften THEORIEN werden für die Praxis und für die Menschheit und die Politiker freigegeben. Die Empiriker und Praktiker oder die methodologischen Realisten, stellen dann verantwortungsvoll sicher, dass die für die Erde schadensfreien Produkte entsprechend der Theorie umgesetzt werden.

Der Urton ist ein Gebilde des ALLES, nämlich des parmenidischen Einen, der Ontologie oder der Metaphysik zugrundeliegende Frage des Sein oder des Nichts. Allein die drei zugrundeliegenden Größen wie Länge, Zeit und Masse sind der Imagination unterstellt, um die zugrundeliegenden Größen nur annähernd zu Begreifen. Das Nichts der Dichte wechselt sich ab mit einer ungeheuren Masse. Die heutigen Forscher gehen von einer Lebensdauer des Proton von rund 10^{32} Jahren aus. Unser Universum ist rund 10^{8} Jahre alt. Was für eine Zeit muss dann die Größe von rund 10^{300} Jahren sein. Eine Zeit, in der jede Materie die Chance zur Wiedergeburt erhält und die religiösen Annahmen damit einschließt. Das Volumen von 10^{1000} m³, beherbergt die Sphärenmassen, von denen schon Pythagoras sprach und die er angeblich hörte. Wenn Pythagoras das hörte, was ich in einer gotischen Kathedrale als Raum nicht immer, aber manchmal wahrnahm, so ist den bekannten Sinnen manches entschwunden. Wie könnten wir auch wenn 95% der Materie (dunkle Materie- Energie) noch gar nicht offen daliegt. Trifft dies auch auf die wahrgenommene Materie zu? Wenn die Materie noch nicht entschlüsselt ist, so ist jeglicher Positivismus aber auch jeglicher Absolutheitsanspruches eines Gottes der Wahrscheinlichkeit unterlegen. Ob wir die Größen des Urton überhaupt menschlich erfassen können, bleibt einer späteren Generation vorbehalten. Wenn dem so ist, welchen Sinn würde es machen Zwischenstufen (1 Sphäre zur anderen) zu erforschen, wenn wir uns selber nicht ausreichend kennen für ein gedeihliches Zusammenleben. Deshalb sollten für eine geraume Zeit die weltweiten Forschungen fokussiert werden, auf die offenen Fragen auf unserer Erde.

Die wesentlichen Aussagen zur Zahl der trägen und schweren Masse, den Grundkräften, der Vakuumenergiedichte, der Unschärferelation und der Berechnung des Urton enden hier in diesem Buch. Es wurde versucht mittels der Zahl eine Einheit herzustellen. Ob nur der Verfasser diese Einheit sieht, wird sich an der Resonanz dieses Buches zeigen. So wie bei meinen städtebaulichen Aussagen zu meiner Heimatstadt sind die dortigen Aussagen ähnlich komplex gegenüber der Stadt. Gegenüber dem Urton ist die Komplexität dadurch gegeben, dass ich mich auf diese Themen beschränkte, da ich glaube, die Aussagen zum Urton herzuleiten zu können bzw. zu müssen.

Die Anhänge sind einerseits Ergänzungen zum Thema und Darlegungen aus der Vergangenheit. Aufgrund des gezeigten Ergebnisses stellt sich die Frage, ob weitere Forschungen überhaupt Sinn machen würden, sollten sie sich außerhalb der offenbaren Erdenproblematik gründen.

Die Sammlung der Forschungen der vergangenen Jahre, die zum Urton führen, gelangen zu einem gewaltigen unhörbaren Ton, der so gewaltig ist, dass ein Mensch ihn nicht im Gesamten verstehen kann und dessen Sein nur im Ansatz rational, positivistisch in allen Einzelheiten beschrieben werden kann. Deshalb bleibt nur der Ansatz des Glaubens, zu dem der Verfasser jedoch in <u>diesen</u> Fragen nicht neigt und er sich deshalb vom Urton nicht entfernt, aber eine spielerische Pause zum Luft holen einlegt.

Wenn ich mich zu bestimmten Problemen wiederholt geäußert habe, so liegt es an der Faszination, die ich hinter diesen Ergebnissen sehe. Der Leser möge es mir nachsehen und sich über die Bedeutung der 4 Evangelien hinsichtlich der innewohnenden Wiederholungen Gedanken machen.

Die dargestellte Arbeit wurde quasi aus einem Gedanken erschlossen, der 15 Jahre zurückliegt und den ich nach T.Rossevelt mit meinen Möglichkeiten nun abgeschlossen habe. Er schließt den genannten Teil ab, der notwendig war, um eine Verbindung zwischen der Träge und Schwere und der Unschärfe darzulegen. Siehe entsprechende Absätze.

Im Sinne von Erwin Schrödinger, der auch die Lächerlichkeit in die Diskussion bei der Erforschung des Seins brachte, sei gesagt, dass es eines Bundesverfassungsgerichtsurteil bedurfte, um mir zu eröffnen, dass man auch fachfremd praktisch gefährdend gegenüber Kindern und Schülern tätig sein darf, was mir unmöglich erschien. Dies gilt allerdings nur, wenn man das Fach beherrscht. Das dem Bundesverfassungsgericht vorgelegte Fach hatte ich nicht beherrscht. Dieses Ihnen vorgelegte Fachbuch beherrsche ich auch nicht. Doch sich das daraus ergebende Ganze, interessieren mich immer nur die Grundlagen auf was die Dinge gründen. In der Musik sind es Harmonien, Skalen und Obertonklänge, weshalb ich nur ungenügend musizieren kann. In der Malerei war es der instantane Gedanke der zur Realität wird, der sich auf einige Grundelemente und die Farbe zurückführen. Die Architektur führte zum gestalteten Raum. Und der Raum selbst führte mich zu y, c, h, m_{pl}, m_{pr} und einigen grundlegenden Formeln, wobei sich auf meine erste Formel $V = iyct$ vieles gründet. Wer diese fünf Konstanten in Beziehung setzt, kann eigentlich nichts falsch machen. Er muss sich nur damit etwas vorstellen können, dass wir uns z.B. in Ruhe befinden, wie es Parmenides tat, dann ist es in etwa so, wie wenn ein Schüler in der Mathematik mit 1,2,3,4,5 rechnet. Die Quersumme ist 15 (10^{-15})eine bedeutende Zahl in diesem Buch.

In der Physikliteratur wird immer wieder die dunkle Materie beschrieben und bemüht. Allerdings findet man keinen Hinweis welche Größenordnung eine solche dunkle Materie einnehmen kann. Also spricht man in der Physik letztendlich von etwas Unbekannten. Das ist die Formel der dunklen Materie $m = ia$ ist, wobei $i = h/c^3$ annimmt. Dieses Buch handelt von den Kleinteilchen, wie sie viele Forscher vermutet haben. Die Masse dieses Teilchen liegt an der Grenze mit 10^{-66}kg zwischen Raum und Materie.

Wenn Albert Einstein den Begriff des „Alten" für Gott bemüht, dann spürt man nicht nur bei Ihm, sondern auch bei vielen seiner Zeitgenossen (Pauli), dass diese Vertreter der Naturwissenschaft der Ansicht sind, dass Sie mit ihrer Arbeit Gott gleich seien, denn bis zur Aufklärung, war nicht das angeblich vollkommene Wissen in den einzelnen Wissenschaftszweigen das Gottähnliche, sondern Gott selbst. Es gab kein Zeitalter, in welchem beeindruckendere Gebäude (Kathedralen) gebaut wurden, als im Mittelalter. Zwar herrschte ebenso Wettbewerb unter den Baumeistern, jedoch glaubten Sie nicht, sie seien Gott, König oder der platonische Beste, sondern sie bauten Gott und zwar alle. Kein egoistisches und egozentrisches Bauen, keine Selbstdarstellung, kein Modebauen was man nach Dekaden nicht sehen kann, kein Bauen für die Macht, die in der Höhe ablesbar ist. Und vieles mehr. Die Physiker laufen Gefahr, nur noch ihre Wissenschaft, in nicht mehr verstehbaren verzweigenden Disziplinen zu sehen. Das Ganze dieser Wissenschaft ist durch keinen Einzelnen mehr zu verstehen. Nicht mehr die allgemeine Seins- Grundlage zum Erforschen wird als Grund angeben, sondern nur noch der herrschenden Macht wird gedient, mit immer neuen Ergebnissen (Gravitationswellen) wird gelockt, um ihre Physikerexistenz zu sichern. Der Einzige den ich wahrgenommen habe ist Steven Hawking, der davor warnt, dass der Klimawandels abrupt eintrete. Wo sind die Stimmen der Physiker die ihn unterstützen. Allerdings sollten Sie ihn nur hinsichtlich des Klimawandel unterstützen. Seine Ausführungen zur Rettung der Menschheit durch die Eroberung des Weltraum bedarf einer vorhergehenden Selektion, wer in den Weltraum mitreisen darf. Warum meldet sich keiner, wenn der jetzige amerikanische Präsident einen solchen Klimawandel verleugnet. Hat die Elite der Menschheit genauso viel Angst um ihre Existenz wie die Unterschicht. Wer sich mit dem „gottähnlichen" Urton beschäftigt, der stellt fest, dass die menschengemachten Götter, festgehalten in menschlichen Schriften, auf einen naturwissenschaftlichen Gott achten müssen, denn in der Größe und Demut, der Zurückhaltung und Schwäche, des Zeitlosen und Unbegrenzten dieses Tones, werden alle bedingten Gegensatzpaare und alle Diejenigen, vorwiegend die platonischen Herrscherschüler, die gegen diese räumliche Ordnung, gegen diesen Ton verstoßen, so wird das Genannte entsprechend, auf Sie zurückfallen, entweder instantan oder nach langer Zeit, auf jeden Fall mit einer entsprechenden Wirkung.

In vielen Büchern der Naturwissenschaft wird Platon als übergeordneter Philosoph zitiert. Für mich ist er der Philosoph der Herrscher, der Mächtigen, für die er seine Philosophie auslegt. Grundlage für meine These ist das Höhlengleichnis (Der Staat) und die fünf Erkenntnismomente im siebten Brief, die er mit einer neuen Feststellung ergänzt, nämlich, dass das gerade auch krumm sein kann. Verbleiben wir beim Geraden und Krummen. Dies leitet Platon anhand der Kreisform ab. Einerseits bezieht er die Kugelfläche als „Krumm" ein, andererseits ein Speichenrad, welches natürlich ebenfalls krumm ist, durch die Speichen aber auch einen geraden Inhalt besitzt. Ist die Kreisform nun krumm und gerade oder ist sie krumm oder gerade. Er gibt selbst die Antwort, denn er sagt, die Kreisform sei krumm! Was er aber damit bezweckt, ist die Prüfung des Gegenüber im Herrscherdialog, ob er den Gedanken folgen kann. Ob der Kreis ein Umfang aus einer Linie ist, aus einer Kreisfläche oder der Ansicht einer Kugel. Hier wird das Gegenüber geprüft und es wird das

Unbestimmte so lange untersucht, bis das Unbestimmte zum Bestimmten des Herrscher wird, gleichgültig ob es wahr ist oder nicht. Die platonischen Herrscher suchen nicht nach der Wahrheit, sondern nach ihrer Wahrheit. Es gibt wohl keinen bedeutenderen Philosophen als Platon. Allerdings ist seine Wahrheit keine Wahrheit, der ich nachspüren möchte, da sie für einen Herrscher gemacht ist.

Als ich vor ca. 15 Jahren auf ein Phänomen stieß, nämlich die Volumenvergrößerung einer Träne, hatte ich schon zwei solcher grundsätzlichen Fragen für mich gestellt, wobei eine fast gar nicht, die andere mir eine teilweise wissenschaftliche Antwort eröffnete. In der 9-Klasse fragte ich den Physiklehrer was ist das „NICHTS" und er antwortete, ich solle in meinen Geldbeutel schauen. Damit ruhte diese Frage rund dreißig Jahre. Im Studium trug der Professor vor, dass wir zukünftige Architekten für den Bauherrn planen müssten, nicht was dem Bauherrn, sondern was dem Architekten zusagte. Dies entsprach nicht meiner Meinung, und ich kam durch einen längeren Prozess zur Musik, als Bindeglied zwischen Bauherr und Architekt. Als Mensch hat man viele Gedanken, Ideen und sonstige geistige Dinge. Doch an diese zwei erinnere ich mich, denn eine hatte auch mit einfachen Gesetzen der Mathematik zu tun.

Vor 15 Jahren schrieb ich im Zusammenhang mit der Volumenzunahme folgendes an: $V = iyct$. Es verging einige Zeit bis ich für $i = h/c^3$, dann über die Formel $A/y = h/c^3$ nach $pl = \sqrt{\dfrac{hy}{c^3}}$ auflösen konnte. Die Plancklänge! Wie kommt man von der Volumenzunahme zur Plancklänge? Meine Formel musste grundlegend sein, wahrscheinlich der Anfang. Dies war Ansporn für die nächsten 15 Jahre. In den populärwissenschaftlichen Physikbücher (Eine kurze Geschichte der Zeit, Stephen Hawking) stößt man öfters auf den Begriff der „Einheiten Gottes" für die elementaren Planckgrößen Zeit, Länge, Masse. Eine dieser Größen konnte ich aufgrund einer einfachen Überlegung herleiten. Die Einheit der Länge, also die Plancklänge, so wie oben dargestellt. Was verstanden die Physiker aber unter Gott. Ich war kein gläubiger Mensch, aber mich faszinierten die Gebäude (Kirchen, Kathedralen, Klöster), welche durch die Gläubigen gebaut wurden und zwar durch alle Glaubensrichtungen. Wer aber war (ist) Gott? Ich las die Bibel, das Wort Gottes und den Koran. Manches war abzulehnen, manchem konnte ich zustimmen. Wenn man die Originaltexte von Albert Einstein zur Relativitätstheorie oder von Werner Heisenberg zur Unschärferelation liest, so muss ich sagen, dass ich in Gänze diese Werke nicht verstanden habe, weil sie einfach mathematisch zu komplex für mich waren. Was mir allerdings auffiel, war das Äquivalenzprinzip, welches die Grundlage der einsteinschen Theorie bildete und nu als Gedankenmodell durch Einstein und durch einen empirischen Versuch von Eötvös Bestand hatte. Gleiches traf auf die Unschärferelation zu, die allerdings in die Formel $h \approx \Delta p\,\Delta q$ mündet. Das vorliegende Buch findet einen Abschluss „in einem physikalischen Gebilde, welches Gott selbst darstellen kann, denn es ist durch eine Träne Gottes entwickelt worden und hat damit Bestand."

In der Literatur über Gott ist eine Vielzahl von Göttern in der Vergangenheit, aber auch in der heutigen Zeit. Zwei wesentliche Bücher zu etwas Übersinnlichen- Übernatürlichen, beschreiben Gott in der Bibel und Allah im Koran, bzw. Jesus und Mohamed entsprechend. Als ich die Relativitätstheorie von Einstein las, stieß ich auf das Äquivalenzprinzip und bei Heisenberg auf die Unschärferelation. Als ich den Koran las stieß ich auf:

Der Koran

1. Sure (5)	Leite uns den rechten Pfad
2. Sure (1)	Dies Buch, daran ist kein Zweifel, ist eine Leitung für die Gottesfürchtigen
2. Sure (14)	Allah wird sie verspotten und weiter in ihrer Rebellion irre gehen lassen.
2. Sure (39)	Und kleidet die Wahrheit nicht in die Lüge und verbergt nicht die Wahrheit wider euer Wissen
47. Sure (1)	Diejenigen, die ungläubig sind und abwendig machen vom Wege Allahs, deren Werke macht Er zunichte.
47. Sure (2)	Die aber gläubig sind und gute Werke tun und an das glauben, was auf Mohammed herabgesandt ward und es ist die Wahrheit von ihrem Herrn denen nimmt Er ihre Sünden hinweg und bessert ihren Stand.
47. Sure (4)	Wenn ihr (in der Schlacht) auf die stoßet, die ungläubig sind, trefft (ihre) Nacken; und wenn ihr sie so überwältigt habt, dann schnüret die Bande fest. Hernach dann entweder Gnade oder Lösegeld, bis der Krieg seine Waffen niederlegt. Das ist so. Und hätte Allah es gewollt, Er hätte sie Selbst strafen können, aber Er wollte die einen von euch durch die andern prüfen. Und die jenigen, die auf Allahs Weg getötet werden, nie wird Er ihre Werke zunichte machen.
	Lt. www.koran-auf-deutsch.de/47-mohammed
47. Sure (4)	Und wenn ihr die Ungläubigen trefft, dann herunter mit dem Haupt, bis ihr ein Gemetzel unter Ihnen angerichtet habt;….
	Lt. Der Koran / Philip Reclam Verlag; 1960, verbesserte Ausgabe 1991

Die Bibel

Gen 2,4b 21   Da ließ Gott, der Herr, einen tiefen Schlaf auf den Menschen fallen, so dass er einschlief, nahm eine seiner Rippen und verschloss ihre Stelle mit Fleisch

Gen 3,4   Die Schlange sagt: Sobald ihr davon esst, gehen euch die Augen auf; ihr werdet wie Gott und erkennt Gut und Böse.

Hohelied   Den meine Seele liebt: stellvertretend für das ganze Hohelied.

Math.1,18   Mit der Geburt Jesu Christi war es so: Maria, seine Mutter, war mit Josef verlobt; noch bevor sie zusammengekommen waren, zeigte sich, dass sie ein Kind erwartete durch das Wirken des Heiligen Geistes.

Joh. 18.37   Also bist du doch ein König? Jesus antwortete: Du sagst es, ich bin ein König. Ich bin dazu geboren und dazu in die Welt gekommen, dass ich für die Wahrheit Zeugnis ablege. Jeder, der aus der Wahrheit ist, hört auf meine Stimme.

Kann man anhand der beiden Gotteswörter auf den jeweiligen Gesamtinhalt schließen. Dies ist sicher nicht möglich, vergleichbar mit den Inhalten aus den Büchern zur Relativitätstheorie oder der Unschärferelation. Aber Tendenzen sind jedoch, auch heute noch ablesbar. Wenn man die 47. Sure (4) studiert und diese mit dem Köpfe abschneiden der IS-Milizen vergleicht, so werden Realitäten offenbar, auch dann wenn es zu dieser 47.Sure (4) eine andere Fassung gibt. Dies ist der Punkt! Stammen diese Gottes Worte von „Gott" oder sind Sie durch Menschen entstanden. Ich bin kein Koranforscher, aber warum hat man diese 47 Sure (4) geändert. Warum ändert Luther vor 500 Jahren die Bibel. Warum lese ich lieber die Einheitsübersetzung als die Lutherbibel? Dies zeigt doch, dass Gottes Wort einem dauernden Annäherungsprozess zu den Auffassungen der Menschen unterliegt. Wenn wir das Urton-Universum voraussetzen und davon ausgehen müssen, dass in dieser Unendlichkeit sich irgendwo menschliches Leben befindet, dann ist aufgrund der bisherigen Göttererfahrung (Griechen-Zeus etc.) vorauszusetzen, dass bei dieser menschlichen Gesellschaft einer oder mehrere andere Götter herrschen werden. So wie es auch momentan auf der Erde der Fall ist. Die physikalischen Einheiten Gottes gelten aber bis an ein mögliches Ende. Dies bedeutet, dass wenn wir an einen solchen grundlegenden allumfassenden Gott glauben, dass die Grundlage dieses Gottes, die von der geistigen Elite definierten Einheiten Gottes sein müssen. Alles andere ist Menschenwerk, welches dem Fehlerhaften unterliegt und in der Zeit korrigiert werden muss. Wenn nun welcher Gott auch immer zu läßt, dass sein Wort fehlerhaft weitergegeben wird, so hat letztendlich nicht Gott die Gewalt über sein Wirken, sondern der Mensch, der angibt Gottes Wort zu verkünden. Dies passiert bei einer Einheit „Gottes" gerade nicht. Ob es Menschen oder keine gibt, das Wirkungsquantum, die Lichtgeschwindigkeit oder die Gravitationskonstante, sämtliche Planckeinheiten wird es immer geben, einschließlich den Formeln, die man aus Ihnen ableiten kann. Es ist deshalb notwendig sich auf einen Gott zu konzentrieren, der nicht durch den Menschen gemacht ist und von ihm geändert und angepasst wird, oder werden kann. Diese menschengemachten Götter haben der Menschheit wenig Positives gebracht. Ob Bibel oder Koran, die Menschen bleiben gleich. Ihr Ausdruck findet sich in den Skylines der Großstädte, der Macht des Geldes ob egal im Westen oder Osten ist, die finanzielle Macht zeigt sich in deren Höhe. Armut herrscht auf der Erde. Kinder verhungern und alle Götter nehmen es in Kauf. Der Urton beginnt zu wirken. Die Galaxien an unserem Universumrande haben eine höhere Geschwindigkeit aufgrund der geringen Urtondichte. Wenn die Politiker glauben, sie können, um ihre eigene Existenz zu sichern, den Klimawandel verleugnen, so müsste jeder dieser Politiker für eine solche Behauptung in irgend einer Form gerade stehen müssen, denn er wendet sich gegen die fachliche Elite aber auch gegen seine eigenen Wähler. Dies müsste durch die naturwissenschaftliche Elite aufgeklärt werden. Die fachliche Elite die bewusst falsches Zeugnis gegenüber der Erde ablegt, muss sich verantworten. Jede dieser Behauptungen mit einem derart verantwortungslosen Gehalt müsste beweiskräftig durch die Elite wiederlegt und die Menschheit nach bestem Wissen aufgeklärt werden. Zu welchem Wissen aufklären? Zum Wahren oder zum eigenen Falschen? Hier sind wir wiederum beim Koran mit „und kleidet die Wahrheit nicht in die Lüge und verbergt nicht die Wahrheit wider euer Wissen", aber auch bei der Bibel, mit „Ich bin dazu geboren und dazu in die Welt gekommen, dass ich für die Wahrheit Zeugnis ablege". Was ist Wahrheit, wie Pilatus fragt, der Herrscher? Wenn wir uns die Welt im Jahre 2017 ansehen, dann ist dies eine Wahrheit. Es gilt, die Worte der Bibel und die des Koran zu analysieren um festzustellen, warum die Erde so geworden ist, wie sie sich heute darstellt. Wenn wir eine gerechte Analyse vornehmen, wer zu was beigetragen hat, dann haben wir ein Stück Wahrheit.

Ein Satz des Parmenides in dem er eine Art Demokratieverständnis und eine mögliche Verbindung der beiden Religionen vorweggenommen hat: „So gehört es sich, dass Du alles erfährst: einerseits das unerschütterliche Herz der wirklich überzeugenden Wahrheit, andererseits die Meinungen der Sterblichen, denen keine wahre Verlässlichkeit innewohnt. Gleichwohl wirst du auch hinsichtlich dieser Meinungen verstehen lernen, dass das Gemeinte gültig sein muss, sofern es allgemein ist."

Wird durch die Elite dafür gesorgt, dass beide Wahrheiten des Parmenides und die der Bibel und des Koran „Eins" werden, dann werden wir im Einklang im Urton leben können. Die Elite, die Kenner der Einheiten Gottes, müssen dafür sorgen.

Wenn es gelingt, diesen physikalischen Urton zu etablieren, dann werden wir wieder Gebäude, gestaltete Räume erhalten, die diesen Namen verdienen. Die implementierten Egoismen in der baulichen Landschaft werden zurückgehen und die Gesellschaften werden sich entschleunigen mit der Aufgabe ihre Lebensgrundlage zu sichern. Nur so werden wir unserer Zukunft gerecht und zwar nur mit dem Urton. Ohne ihn werden Leute wie S. Hawking darüber nachdenken, wie sich eine Elite in den Weltraum rettet. Keine schöne Zukunft.

Kurzdarstellung zu den bisherigen Büchern des Verfassers

Bücher (x2-5) zum Thema auf der Homepage www.urtonraum.de unter dem Link Bücher.

Wesentliche Aussagen zum Thema:

Der Urton vor dem Urknall

Die Formel V = iyct führt zur Plancklänge, wenn man für i = h/c³ setzt. Wendet man nicht Ockhams Rasiermesser an, so findet man beim Universumalter das Protonenvolumen.

Die Entwicklung des Urknalls wird mit 60 Größenordnungen vor der Planckzeit begonnen.

Die Imaginationskonstante

Mit m = ia (i = h/c³) wird ein dem Proton zugehöriges Kleinteil definiert. Es wird wesentlicher Bestandteil der dunklen Energie sein.

Raumstruktur-Zahl-Erhellte Materie

Dem Proton werden neben der Wellenlänge 7 weitere Längen zugeordnet. Die Längen als Exponentenzahl (-54,-41,-28,-25.-15.-2,+4,+24). Das Verhältnis -54/+24 = 78; +24/-15 = +39 verweist auf die im obigen Bericht genannten fundamentalen Zahlen.

1836 Proton-Elektron

Das Massenverhältnis von Proton und Elektron wird in einer grundlegenden Formel dargestellt.

$$m_{pr} = \sqrt[4{,}669058181]{\frac{me4hc\,0{,}334529091}{y\,0{,}334529091}}$$

Mit dieser Formel gelingt ein „homogener" Übergang zwischen den beiden Teilchen.

Das Proton und das Elektron können auf annährende Kleinteilchen zurückgeführt werden und zwar bis zur 76 Nachkommastelle. Das Verhältnis von ca. 1,05 führt zur Mersennschen chromatischen Tonleiter mit dem Halbtonschritt 1,05. Dem Ansatz, nämlich der Musik, wie ich meine Forschungen begann.

Wesentliche Aussagen zum „Raum der Stadt"

Die komplexesten Gebilde, die Menschen hervorbringen sind Städte. Bis zu Millionen von Gehirnen treten darin in Wechselwirkung und erschaffen über tausende von Jahren Strukturen, die man als gebrochene Dimension deuten kann (Newtonfraktal, Bifurkationen). Diese Städte bilden Selbstähnlichkeiten und dominieren die Stadtform zu rund 98%. Daneben gibt es Plan- und Idealstädte, deren räumliche Zusammenhänge grundverschieden zu den gewachsenen Städten sind. Die Wirkung des Raumes in einer Kirche gegenüber einer Turnhalle kann nur der Mensch erfassen. Gleiches gilt zwischen einer Idealstadt des Mittelalter wie Villingen gegenüber einer gewachsenen Stadt des Mittelalter wie Schwenningen. Auf der Rückseite von Der＊"Urton vor dem Urknall" sprach ich vom Formquant. Das gezeigte Kleinteilchen des Proton mit 1,572＊10^{-66} kg weist den Weg, die Formqualität eines Objektes wissenschaftlich zu bestimmen.

In den Büchern:

Stadtkulturerbe Villingen (ISBN

Die Ästhetik der Kreuztürme (ISBN

Die mittelalterliche Idealstadt Villingen (ISBN

sind Beweise dargelegt, dass Villingen eine Idealstadt ist und von einem außergewöhnlichen Baumeister der damaligen Zeit entworfen und in den wesentlichen Komponenten errichtet worden sein muss.

Literatur

X_1 **Albert Einstein**
Über die spezielle und die allgemeine Relativitätstheorie (ISBN 3-540-42452-0)

X_2 **Albert Einstein**
Grundzüge der Relativitätstheorie (ISBN 3-540-43512-3)

X_3 **Werner Heisenberg**
Die physikalischen Prinzipien der Quantentheorie (ISBN 978-3-7776-1616-2)

X_4 **Richard P. Feynman**
QED (ISBN 078-349221562)

X_5 **Anton Zeilinger**
Die neue Welt der Quantenphysik (ISBN 3-406-50281-4)

X_6 **Stephen W. Hawking**
Eine kurze Geschichte der Zeit

Und weitere populärwissenschaftliche Bücher die uns mit dem physikalischen Sein konfrontieren.

Nachfolgend vom Verfasser

Y_1 *Der Urton vor dem Urknall* (ISBN 3-8334-1024-8)

Y_2 *Die Imaginationskonstante i* (ISBN 978-3-8482-1397-9)

Y_3 *Raumstruktur-Zahl;* Erhellte Materie-Energie (ISBN 978-3-7357-2304-8)

Y_4 *1836 Proton-Elektron* (ISBN 978-3-738-62936-1)

Zum Stadtraum

Z_1 *Stadtkulturerbe Villingen* (ISBN 978-3-8334-9808-3)

Z_2 *Die Ästhetik der Kreuztürme* (ISBN 978-3-7347-7548-2)

Z_3 *Die mittelalterliche Idealstadt Villingen* (ISBN 9-733741-2931-60)

Muthsam
http://www.didaktik.physik.uni-muenchen.de/archiv/inhalt_materialien/doppelspalt/index.html

s. www.Urtonraum.de /Kunst/ 2.Bild Rot-Grün/Selbstbildnis/Formeln im Text

**Tu, was Du kannst,
Mit dem, was Du hast,
Wo immer Du bist**

T. Roosevelt

**Der Urgrund des menschlichen Seins ist die Imagination, die durch eine
proportionelle Intuition, durch Wissen, Können und Erfahrung
zur Realität wird.**

Thomas Hettich